なるほど高校数学 ベクトルの物語

なっとくして、ほんとうに理解できる

原岡喜重 著

ブルーバックス

- 装幀／芦澤泰偉・児崎雅淑
- カバーイラスト／大塚砂織
- 目次デザイン／中山康子
- 図版／さくら工芸社

シリーズ「なるほど高校数学」刊行にあたって

　数学は豊かで魅力に満ちた学問です．
　アイデアがひらめいて問題の解き方が分かったとき，あるいは見方をちょっと変えるだけで物事の様子が鮮明に浮かび上がったときなど，数学の魅力を感じる人も多いでしょう．
　逆に，数学は難しい，わけが分からない，と感じる人も多いと思います．しかしそのような場合でも，ひとつでも分かる部分ができ，それを足がかりに数学の魅力を体験することができれば，苦手意識も徐々に解消されていくのではないでしょうか．

　でも，いったいなぜ数学を学ぶのでしょうか．
　数学におけるもののとらえ方やテクニックは，数の計算や図形などの数学上の問題に限らず，物理・化学をはじめとする自然科学全般において問題解決への強力な手段となっています．また，論理を積み重ねて結論を導く方法，物事を抽象化して普遍的な視点に到達する方法など，数学では人間のあらゆる活動の根底となる方法を学ぶことができます．
　しかしそれ以上に，はじめに述べたような「分かる喜び・発見する喜び」を体験できることこそが，数学を学ぶ大きな意義だと思います．

　それでは，どうすれば数学が分かるようになるのでしょうか．

万能の方法などありません．一人一人がそれぞれ取り組んでいく中で，「あ，分かった！」という瞬間を積み重ねていくしかないのです．

　しかし，万能とは言えませんが，数学で学ぶいろいろなことがらの関係を正しくつかんだり，いま学ぶことの先には何が待ち受けているのかを頭に描いたりすることができれば，理解の大きな助けになります．すでに理解している人にとっては，より深い認識を手に入れることができます．

　そのようなことを考え，数学の様々なテーマについて，「分かりやすく，その広がりを実感できるように物語る」シリーズ「なるほど高校数学」を刊行することにいたしました．テーマとしては高校で学ぶ内容が中心となりますが，教科書ではありませんので，時には大学で学ぶ内容にまで話が及ぶこともあるでしょう．高校生はもちろんのこと，数学に興味のある中学生でも，大学生・社会人でも，多くの人に数学の魅力・喜びを体験してもらえるものにしたいと考えています．

原岡喜重

まえがき

　ベクトルというのは，単なる矢印です．ただしその矢印を，足したり引いたり，2倍したり −3倍したりと，あたかも数のように扱うことができる，というのがベクトルです．「矢印を足すとは，いったいどういうことだろう？」と思うかもしれませんが，よく「力を合わせて」という言い方をしますね．力というのは向きをもっているので，矢印で表すことができます．そして力を合わせる，ということに相当するのがベクトルの足し算になります（実際にどのように足し算を行うのか，ということについては，第1章をご覧下さい）．
　実は押したり引いたりする力だけでなく，電気や磁石の力も，さらには重力も，自然界の力はすべてベクトルで表すことができ，ベクトルの計算方法によって計算することができるのです．これがベクトルが重要である第1の理由です．

　一方，ベクトルは矢印という単純な図形なので，いろいろな図形を調べるときの手がかりとして有用な働きをします．たとえば三角形の重心や外心といった平面図形の性質のほか，なかなかイメージのつかみにくい空間図形も，ベクトルを用いて調べることができます．それには，ベクトルが矢印という図形でありながら，数のように計算できるというところが効いています．このように，図形を調べる手段になるというところが，ベクトルが重要である第2の理由です．

またベクトルは，連立1次方程式を考えるときにも役立ちます．矢印と連立1次方程式がどうやって結びつくのか，不思議に思うかもしれませんが，ベクトルが数のように扱えることと関係があります．実際の結びつきについては，第9章をご覧下さい．このベクトルの役割は，線形代数学という理論体系の基礎となります．これがベクトルが重要である第3の理由です．

　このように，ベクトルは単純なものですが，単純であるがゆえにいろいろな場面で活躍する重要なものです．だからベクトルの使い方を身につけて，使いこなせるようになることは大事です．

　本書では，ゆったりとページを割いて，ベクトルのすべてを物語ることにしました．いろいろなことばやルールが現れますが，なぜそのようなことばやルールが作られたのか，ということもできる限り説明するようにしました．考え方の源や背景を知っていると，自在に応用が利くようになり，しかも暗記する分量は少なくて済みます．本書でベクトルの考え方を理解して，自由に使いこなせるようになっていただきたいと思います．

　　2008年3月　　　　　　　　　　　　　　　　　　原岡喜重

もくじ

シリーズ「なるほど高校数学」刊行にあたって 3
まえがき 5

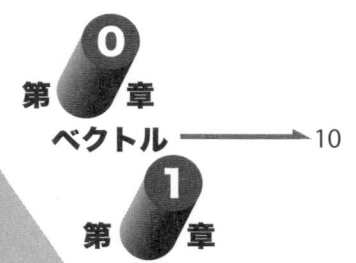

第0章
ベクトル —— 10

第1章
絵としてのベクトル —— 13
《ベクトルの和》 16
《ベクトルのスカラー倍》 20

第2章
ベクトルを数値で表す —— 30
《数ベクトルの和とスカラー倍》 38

第3章
図形とベクトル その1 —— 44

第4章
ベクトルの内積 —— 62
《内積の定義》 62
《ベクトルの回転と内積》 64
《内積の図形的な意味》 71

第5章
図形とベクトル その2 —— 78

第6章
ベクトルの分解 —— 88
《ガリレオと振り子の等時性》 98

第7章
空間ベクトル —— 106
《空間ベクトルの内積》109
《空間ベクトルの分解》120

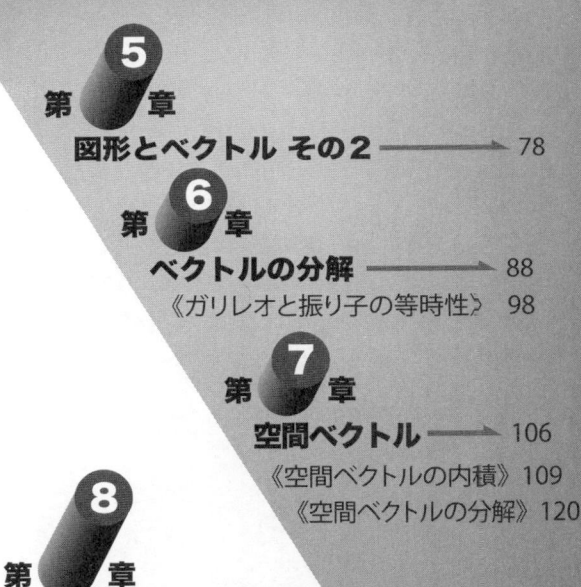

第8章
空間図形とベクトル —— 125

第9章
ベクトルと連立1次方程式 —— 133

問の解答 146

公式・記号 155

さくいん 157

第0章 ベクトル

　天気予報では各地の風の様子も伝えられることがあります．図 0.1 のように，それぞれの地域の風の向きと強さが表示されますが，風の向きは矢印で，強さは秒速 5m，1m など数字で表されるのがふつうです．

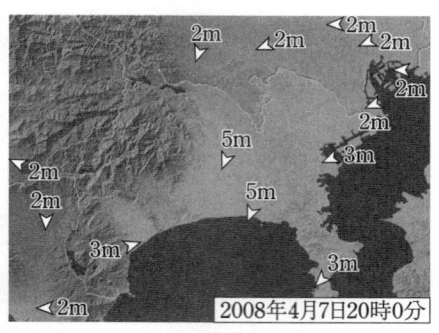

図 0.1　方向を矢印，強さを数字で風を表す
tenki.jp より一部改変。実際の tenki.jp では矢印の色で風の強さを表現しています

　この風の向きと強さを，一度に表す方法があります．それは矢印の長さを，風の強さに比例して変えればよいのです．たとえば秒速 5m の風は 5cm の矢印で，秒速 2m の風は 2cm の矢印で表すことにすれば，矢印を見ただけで向きも強さもわかることになるでしょう．

　このように，向きと長さの両方でものを表現する矢印のこ

第 0 章　ベクトル

とをベクトルといいます．ベクトルを使って図 0.1 の天気図を書き直すと，次のようになります．

図 0.2　方向を矢印，強さを長さで風を表す
tenki.jp より一部改変．実際の tenki.jp では矢印の色で
風の強さを表現しています

　さてこのベクトルには，向きと強さがいっぺんにわかるというだけでなく，非常にすぐれた能力があります．その能力を見るため，2 つの方向から風が吹いてきたときのことを考えてみましょう．

　南と北から同じ強さの風が吹いてきたら，互いに打ち消しあって風が吹かないのと同じ状態になります．また南風の方が強ければ，北風で弱められるけれども合わせたものは南風になります．では南風と西風が吹いてきたらどうなるでしょうか．南風と西風が同じ強さなら，合わせて南西の風になるでしょう．ではそのときの強さはどうなるでしょうか．さらに，南風と西風の強さが違っているときには，合わせた風の向きはどのようにして決まるでしょうか．そしてその強さはどうなるでしょうか．

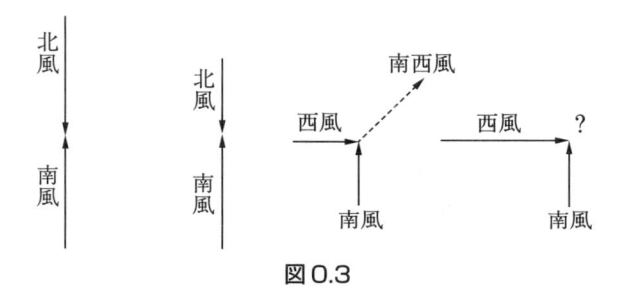

北風　南風　　北風　南風　　西風　南西風　南風　　西風　？　南風

図 0.3

　ベクトルは，このような問題に簡単に答えてくれるのです．答えを図 0.4 に書いておきます．ベクトルをどのように使ってこの答えが得られたのか，わかりますか？　やり方は次の第 1 章で説明しますが，その前にぜひ一度自分で考えてみて下さい．

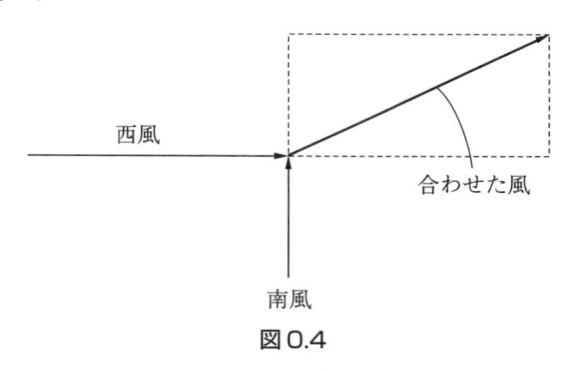

西風　合わせた風　南風

図 0.4

第 1 章 絵としてのベクトル

ベクトルとは,ひとことで言えば「平行移動できる矢印」のことです.絵で見てもらうのがわかりやすいでしょう.

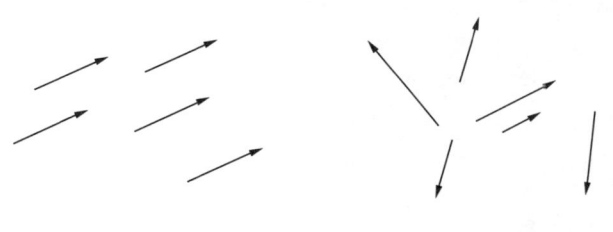

　　すべて同じベクトル　　　　　すべて違うベクトル

図 1.1

きちんと述べると,次のようになります.

2つのベクトルが同じ ⟺ $\begin{cases} \text{・長さが同じ} \\ \text{・向きが同じ} \\ \text{・ある場所は違っていてもよい} \end{cases}$

2つのベクトルが違う ⟺ 長さが違うか,向きが違う

だから,とりあえずベクトルとは矢印である,と覚えて下さい.その上で,その矢印を平行移動したものも,もとのと同じベクトルである,というルールがあると覚えて下さい.

1つ注意しておきますと,2つのベクトルを作る線分が平行で長さが等しくても,矢のついている位置が逆なものは違うベクトルとなります.図 1.2 を参照して下さい.

図 1.2　違うベクトル

　ベクトルを表す矢印の根元の点を**始点**，矢の先の点を**終点**と呼びます．ベクトルは平行移動しても同じものなので，ベクトルの始点はどこにもっていってもよいことになります．実はこの移動についての自由が，ベクトルを豊かなものにしているのです．

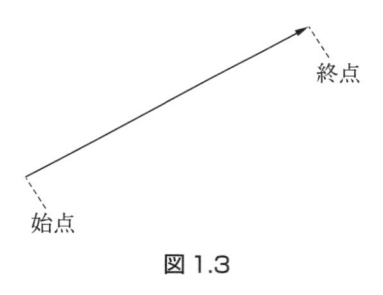

終点
始点

図 1.3

例題 1.1　図のベクトルを，点 P を始点として表せ．

第 1 章 絵としてのベクトル

図 1.4

解 始点が P に来るように平行移動すればよいので，次図のようになる．■

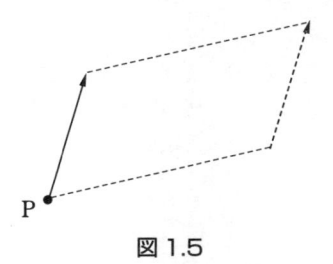

図 1.5

ベクトルを文字で表すときには，英語の小文字（よく u とか v とか w が使われる）の上に矢印⃗を乗せた

$$\vec{u},\ \vec{v},\ \vec{w}$$

といった記号とか，矢印を乗せずに英語の小文字を太文字にしたもの

$$\boldsymbol{u},\ \boldsymbol{v},\ \boldsymbol{w}$$

が使われます．また始点が P，終点が Q のベクトルであれば，

$$\overrightarrow{PQ}$$

という表し方もあります.本書では,$\vec{u}$ および $\overrightarrow{PQ}$ の2つの表記方法を用いることにします.

さてこれから,ベクトルにとって最も大事な操作である「和」と「スカラー倍」を定義します.

《ベクトルの和》

2つのベクトルは,いつでも足すことができて,その結果は新しいベクトルとなります.この2つのベクトルの足し算(和)は,次のように定義します.

与えられた2つのベクトル $\vec{u}$ と $\vec{v}$ に対し,$\vec{u}$ は動かさずに,$\vec{v}$ を平行移動して,その始点が $\vec{u}$ の終点に重なるようにします.このとき,$\vec{u}$ の始点を始点とし,$\vec{v}$ の終点を終点とするベクトルのことを,$\vec{u}$ と $\vec{v}$ の和と定義し,

$$\vec{u} + \vec{v}$$

と表します.

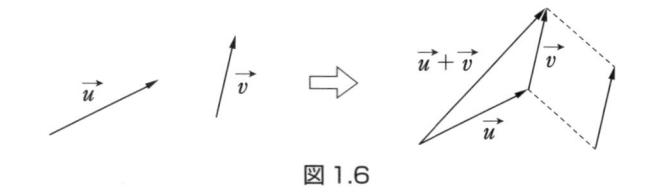

図 1.6

少し練習してみましょう.

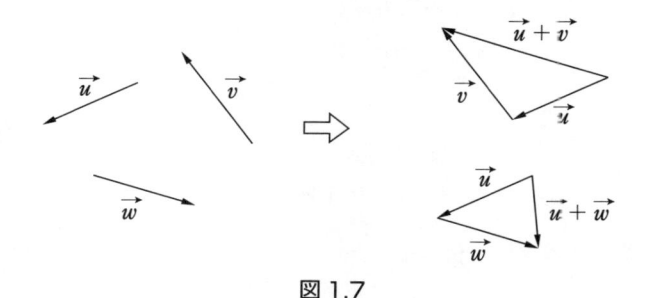

第1章 絵としてのベクトル

図 1.7

数の足し算では，$2+3=3+2$ のように数の順序を入れ替えても同じ値になります．ベクトルの足し算ではどうでしょうか．定義を見る限り，$\vec{u}+\vec{v}$ を求めるときの $\vec{u}$ の役割（動かない）と $\vec{v}$ の役割（始点が $\vec{u}$ の終点の位置に来るまで平行移動する）は明らかに違っていますから，これが $\vec{v}+\vec{u}$ に等しくなるかどうかは直ちにはわかりません．でも実は

(1.1) $$\vec{u}+\vec{v}=\vec{v}+\vec{u}$$

が成り立ちます．いま述べたようにこれは自明なことではないので，証明が必要です．証明してみましょう．

$\vec{v}+\vec{u}$ を作ってみて，それが $\vec{u}+\vec{v}$ と同じベクトルになることを示せばよいでしょう．まず $\vec{u}$ と $\vec{v}$ の始点をそろえておきます．$\vec{u}+\vec{v}$ を作るには，$\vec{v}$ の始点を $\vec{u}$ に沿って動かしていって，$\vec{u}$ の終点の位置まで平行移動するのでした．同様に，$\vec{v}+\vec{u}$ を作るには，$\vec{u}$ の始点を $\vec{v}$ に沿って動かしていって，$\vec{v}$ の終点の位置まで平行移動します．次の図を見て下さい．

図 1.8

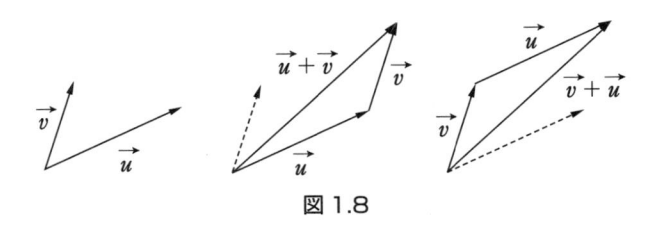

　これらの操作の結果得られた 2 つのベクトル $\vec{u}+\vec{v}$, $\vec{v}+\vec{u}$ は，ともに $\vec{u}$ と $\vec{v}$ を 2 辺とする平行四辺形の同じ対角線となります．だから同じベクトルとなるわけです．これで証明できました．

　この証明は，ベクトルの和の，別な定義の仕方を与えています．つまり

　2 つのベクトル $\vec{u}$ と $\vec{v}$ の和 $\vec{u}+\vec{v}$ とは，$\vec{u}$ と $\vec{v}$ の始点をそろえたとき，これらのベクトルを 2 辺とする平行四辺形の対角線のうち共通の始点を通る方の線分で，その共通の始点を始点とする向きを持ったベクトルのこと

とも定められます．

図 1.9

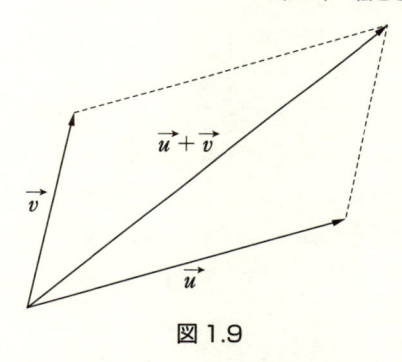

この第 2 の定義を用いて和を求める練習もしておきましょう.

問 1.1 次図で与えられる $\vec{u}$, $\vec{v}$ に対して, いま説明した方法で和 $\vec{u}+\vec{v}$ を図示せよ.

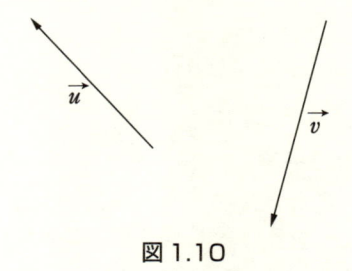

図 1.10

和(足し算)があるなら差(引き算)もあるのではないか,と考えるのは自然です.数の場合には,たとえば $5-3$ とは $3+\boxed{}=5$ となるような数 $\boxed{}$ を求める操作でした.これと同じ考え方で,ベクトルの差を定義することができます.つまりベクトルの差 $\vec{u}-\vec{v}$ とは,

$$\vec{v} + \boxed{} = \vec{u}$$

となるようなベクトル $\boxed{}$ を求める操作である，とすればよいのです．こうして定義する $\vec{u}-\vec{v}$ が，どのような矢印として図形的に求められるのか，考えてみるのはよい練習問題になります（下の問 1.2）．ただし，和と差をいっぺんに覚えようとすると混乱するかもしれないので，本書では差の求め方は次に説明するスカラー倍の話のあとに回すことにします．

問 1.2 次図で与えられる $\vec{u}, \vec{v}$ に対して，差 $\vec{u}-\vec{v}$ を図示せよ．

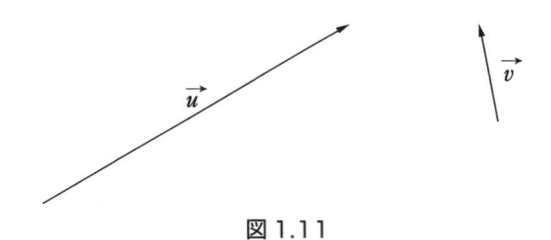

図 1.11

《ベクトルのスカラー倍》

まず初めてのことば，**スカラー**を説明しましょう．スカラーというのは，簡単に言うと「ふつうの数」のことです．この本の範囲では，**スカラーとは実数**のことと思って構いません（数学の理論体系の中では，複素数や，その他いろいろな範囲の数をスカラーと呼ぶ場合があります）．

$$スカラー \;=\; 数$$

たとえば 2 とか -3 とか $\dfrac{3}{5}$ というのはスカラーです．した

がってベクトルのスカラー倍とは，ベクトルの 2 倍，−3 倍，$\frac{3}{5}$ 倍，といったものになります．それらは次のように定義されます．

$\vec{u}$ をベクトル，a をスカラーとします．まず $a > 0$ の場合を考えます．$\vec{u}$ の a 倍となるベクトル $a\vec{u}$ は，ベクトル $\vec{u}$ と同じ向きで，長さが a 倍になっている矢印として定義します．たとえば $2\vec{u}$ は，$\vec{u}$ と同じ向きで長さを 2 倍にした矢印，$\frac{3}{5}\vec{u}$ はやはり $\vec{u}$ と同じ向きで，長さを $\frac{3}{5}$ 倍にした矢印となります．

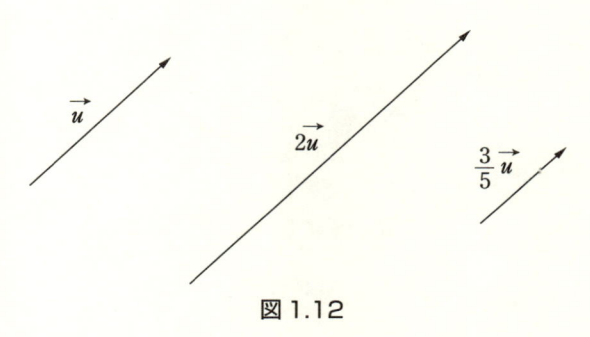

図 1.12

次に $a < 0$ のときの $a\vec{u}$ を定義しましょう．まず $|a|$ は正の数なので，$|a|\vec{u}$ は上の定義のとおり作れます．その矢印の向きを逆にして下さい．それが $a\vec{u}$ となります．これが定義です．たとえば $-1\vec{u}$ は $\vec{u}$ の向きを逆にしただけのもの，$-2\vec{u}$ は $\vec{u}$ の長さを 2 倍にしてから向きを逆にしたもの，となります．

長さを |−2| 倍する　　向きを逆にする

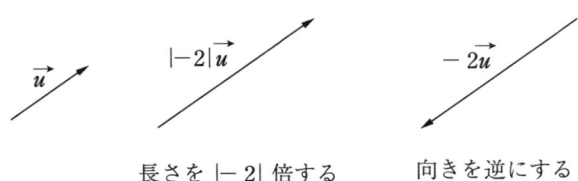

図 1.13

なお，$-1\vec{u}$ のことを，ふつうは単に $-\vec{u}$ と書きます．

(1.2) $$-\vec{u} = -1\vec{u}$$

例題 1.2 次の $\vec{u}$ に対し，$2\vec{u},\ 3\vec{u},\ 5\vec{u},\ -5\vec{u}$ を求めよ．さらにその結果を用いて，

$$2\vec{u} + 3\vec{u},\ \ 2\vec{u} + (-5)\vec{u}$$

を求めよ．

図 1.14

解 スカラー倍の定義により，$2\vec{u},\ 3\vec{u},\ 5\vec{u},\ -5\vec{u}$ は図 1.15 のとおりとなる．これを用いてベクトルの和の定義を適用すると，$2\vec{u} + 3\vec{u},\ 2\vec{u} + (-5)\vec{u}$ は図 1.16 のとおりとなる．■

第 1 章 絵としてのベクトル

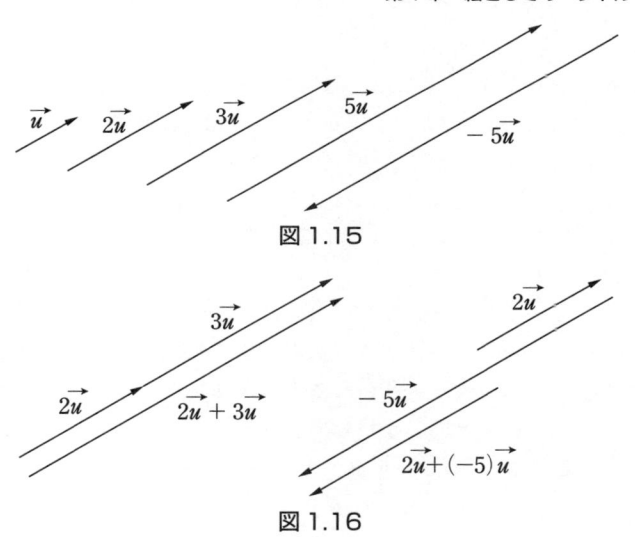

図 1.15

図 1.16

この例題で気づいたかもしれませんが，2 つのスカラー a, b に対して，

$$a\vec{u} + b\vec{u} = (a+b)\vec{u} \tag{1.3}$$

が成り立ちます．上の例題で扱った $2\vec{u} + 3\vec{u}$ であれば，まず $2\vec{u}$ と $3\vec{u}$ を作りますね．そのあとでベクトルの和の定義にしたがって，$3\vec{u}$ の始点を $2\vec{u}$ の終点の位置にもってくるよう $3\vec{u}$ を平行移動します．このとき $2\vec{u}$ の始点を始点とし，$3\vec{u}$ の終点を終点とする矢印が $2\vec{u} + 3\vec{u}$ となります．こうして得られるベクトルは，向きは $\vec{u}$ と同じで，長さが $2+3=5$ 倍になっていますので，$(2+3)\vec{u} = 5\vec{u}$ と一致します．(1.3) は a や b が負の数のときでも成立します．

また

(1.4) $$a(b\vec{u}) = (ab)\vec{u}$$

も成り立ちます. これの証明を考えましょう. まず $a > 0$, $b > 0$ のときを考えます. 左辺の $a(b\vec{u})$ は, $\vec{u}$ と同じ向きで長さが b 倍となるベクトル $b\vec{u}$ を作ったあとで, それと同じ向きで長さをさらに a 倍したベクトルを作る, という操作の結果を表します. すると結局, $\vec{u}$ と同じ向きで, 長さが ab 倍されたベクトルができるので, それは右辺の $(ab)\vec{u}$ に一致するわけです. これで $a > 0$, $b > 0$ の場合の証明ができました. a, b の一方あるいは両方が負の数のときには, 左辺も右辺も長さは $|ab|$ 倍された矢印になるのはいま証明したとおりですので, 向きが $\vec{u}$ と同じか反対向きか, ということだけが問題です. これは a, b のうち 1 つだけが負の数なら, 両辺とも $\vec{u}$ と反対向きになり, また a, b ともに負の数なら, やはり両辺とも $\vec{u}$ と同じ向きになるので, いずれの場合にも両辺は同じベクトルを表すことになります. 以上で証明できました.

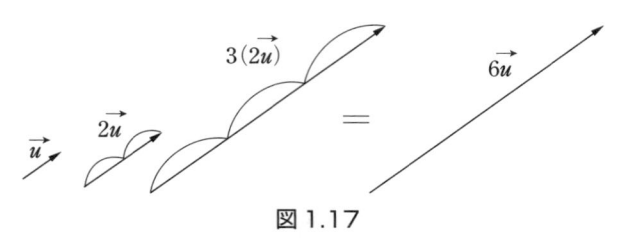

図 1.17

さて今まで説明を避けていましたが, $a = 0$ の場合のスカラー倍 $0\vec{u}$ はどのようなベクトルになるでしょうか. 考えるヒントは (1.3) にあります. $a - a = 0$ なので,

$$a\vec{u} + (-a)\vec{u} = (a - a)\vec{u} = 0\vec{u}$$

第1章 絵としてのベクトル

が成り立つはずです.つまり $0\vec{u}$ は $a\vec{u}$ と $-a\vec{u}$ の和に等しくならなくてはなりません.それはどんなベクトルでしょうか.下図のように,$a\vec{u}$ と $-a\vec{u}$ を作っておいて,$-a\vec{u}$ をその始点が $a\vec{u}$ の終点の位置にくるように平行移動します.こうして得られる和としてのベクトルは,$a\vec{u}$ の始点を始点とし,その同じ点を終点とするものになってしまいます.これはもはや矢印ではなく,図形としては単なる点です.

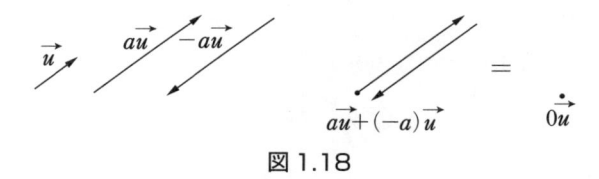

図 1.18

この単なる点をベクトルの一種と考えるには,違和感があるかもしれませんが,それを補ってあまりある効果があるのです.そこでこの単なる点もベクトルの1つであるということにして,これを**ゼロベクトル**と呼び,$\vec{0}$ で表します.すなわち

$\vec{0}$ = 始点と終点が一致しているベクトル
  = 図形としては長さも向きもない,単なる点

ということです.

ゼロベクトル $\vec{0}$ は単なる点ではありますが,ベクトルでもあるので,ベクトル同士の和に参加することができて,

$$\vec{u}+\vec{0}=\vec{0}+\vec{u}=\vec{u}$$

を満たします.つまりゼロベクトル $\vec{0}$ は,和によって何の変化ももたらさないベクトルとして特徴づけられるのです.こ

れはちょうど数の世界で0が果たす役割と一緒です．数の世界も0があるおかげで整った体系となっているように，ベクトルの世界もゼロベクトル $\vec{0}$ のおかげで整った体系となります．

さてここで，後回しにしていた**ベクトルの差**の定義を与えましょう．定義は簡単で，

(1.5) $$\vec{u} - \vec{v} = \vec{u} + (-1)\vec{v}$$

とすればよいのです．つまり $\vec{u}$ に，$\vec{v}$ の向きを反対にしたものを足せばよいということです．

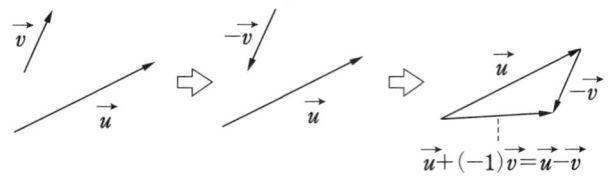

図1.19

ゼロベクトルは，ベクトルの差を用いると $\vec{0} = \vec{u} - \vec{u}$ として与えることができます．こうして定義したベクトルの差 $\vec{u} - \vec{v}$ は，$\vec{v} + \boxed{} = \vec{u}$ を満たす $\boxed{}$ とも一致します．これはあえて計算で示せば，

$$\vec{v} + \boxed{\vec{u} - \vec{v}} = \vec{v} + \vec{u} - \vec{v} = (\vec{v} - \vec{v}) + \vec{u} = \vec{0} + \vec{u} = \vec{u}$$

ということからわかりますが，数の場合と同じことですから感覚としても納得できると思います．

ここでゼロベクトル $\vec{0}$ に関して成り立つ事柄をあらためてまとめておきましょう．

第1章 絵としてのベクトル

(1.6) $$0\vec{u} = \vec{0}$$
(1.7) $$\vec{u} - \vec{u} = \vec{0}$$
(1.8) $$\vec{u} + \vec{0} = \vec{0} + \vec{u} = \vec{u}$$

これでベクトルの世界の登場人物がだいたいそろいました．ベクトルの世界では，和と差が定義され，その計算についてはふつうの数（スカラー）と同じようにしてよいことがわかりました．たとえば $2+3 = 3+2$ と同じように，$\vec{u}+\vec{v} = \vec{v}+\vec{u}$ が成り立ち，また $2-2 = 0$ と同じように $\vec{u}-\vec{u} = \vec{0}$ が成り立つ，などです．またスカラーとの間には積（スカラー倍）が定義され，これについてもふつうの数のときと似た計算が可能です．たとえば

$$a\vec{u} + b\vec{u} = (a+b)\vec{u}$$
$$a(b\vec{u}) = (ab)\vec{u}$$

などです．

しかしベクトルと数（スカラー）には大きな違いがあります．それは数と数の積はあるけれど，ベクトルとベクトルの積は定義されない，という点です．ただし本書の第4章でも紹介するように，ベクトルとベクトルの間にもある種の積（内積）は定義されて，重要な働きをします．しかし内積は数における積とは違う性質も持っているので，ふつうの感覚での積はベクトルには定義されない，と覚えておく方がよいでしょう．

ベクトルの和とスカラー倍を自在に求められるようにしておきましょう．

例題 1.3 図の $\vec{u}$, $\vec{v}$ に対し,
$$3\vec{u} - 2\vec{v}, \quad -3\vec{u} + 2\vec{v}$$
を求めよ.

図 1.20

解 慣れるまでは，スカラー倍されている各項を求めてから，それらの和を求める，という手順が確実でしょう．$3\vec{u} - 2\vec{v}$ であれば，$3\vec{u}$ と $-2\vec{v}$ をまず求め，それからその 2 つのベクトルの和を求めるのです．答えは次の図のようになります．■

図 1.21

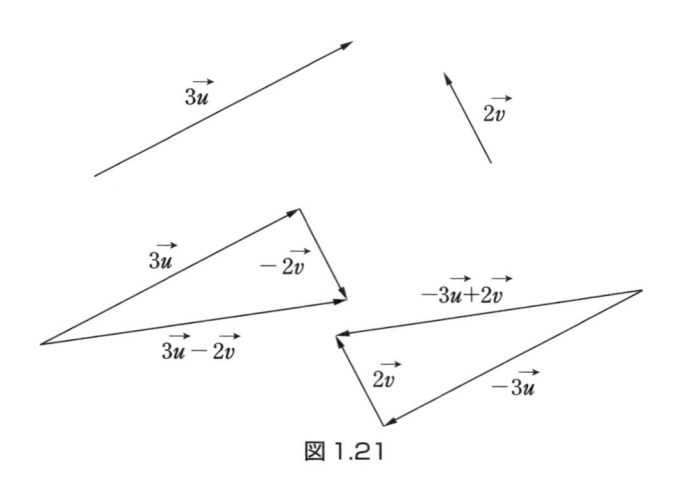

第 1 章 絵としてのベクトル

　最後に，第 0 章で述べた 2 つの風が同時に吹いた場合はどうなるか，ということをベクトルを使って説明しましょう．そこで述べたように風は向きと大きさを持つ量なので，ベクトルとして表されます．そして 2 つの風が吹いたときには，それらを合わせた結果は，それぞれの風を表すベクトルの和となります．図 0.4 はまさにベクトルの和を求めていることになっているのです．

第2章 ベクトルを数値で表す

ベクトルは矢印で表される図形でしたが，数値で表すこともできます．そのため，ベクトル $\vec{u}$ が xy 平面に置かれていると考えましょう．始点を P，終点を Q とします．このとき，始点と終点を用いて

(2.1) $$\vec{u} = \overrightarrow{PQ}$$

という書き方をします．

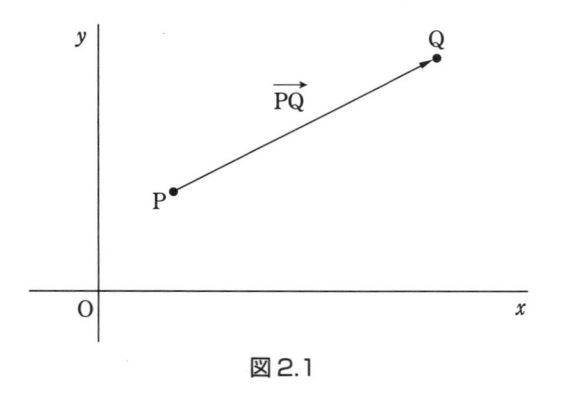

図2.1

さて P の座標を (x_1, y_1)，Q の座標を (x_2, y_2) とすると，(x_1, y_1, x_2, y_2) という4つの数値を与えることで P, Q の位置が決まり，その結果ベクトル $\overrightarrow{PQ}$ も決まります．

しかしベクトルを決めるには4つもの数値は必要でなく，その半分の2個で十分です．その理由を説明しましょう．$\overrightarrow{PQ}$ を平行移動して，始点を原点 O の位置にもってきます．この

ときの終点を R, その座標を (a,b) とします. ベクトルは平行移動しても同じでしたから, $\overrightarrow{PQ}$ と $\overrightarrow{OR}$ は同じベクトルです. そして $\overrightarrow{OR}$ は, 始点が原点 O と決まっているので, その終点 R の座標 (a,b) だけで決まってしまいます. つまり 2 つの数値の組 (a,b) が, ベクトル $\vec{u} = \overrightarrow{PQ}$ を表すことになるのです. このことを

(2.2) $$\vec{u} = (a,b)$$

と表します.

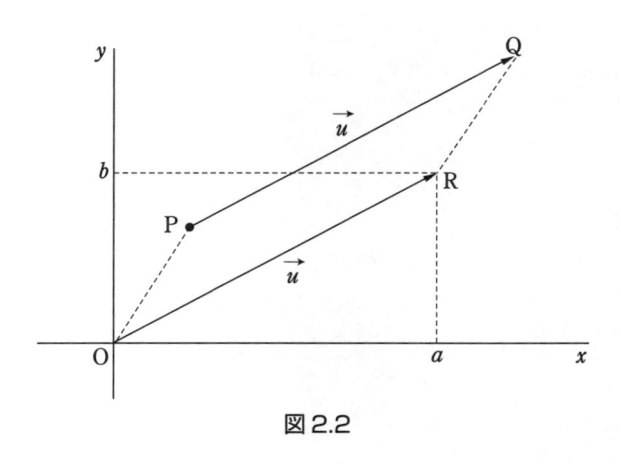

図 2.2

(2.2) のように 2 つの数値の組で表されたベクトルを**数ベクトル**と呼びます. また a のことをその **x 成分**（または**第 1 成分**）, b のことを **y 成分**（または**第 2 成分**）と呼びます.

点 R を表すにも, (O を始点として) R を終点とするベク

トルを表すにも，同じ (a,b) という表し方をすることに注意して下さい．これだと単に (a,b) と書いてあるときには，それが点の座標なのかベクトルなのか区別がつきませんが，逆に言うと点をベクトルの終点としてとらえる，という新しい点のとらえ方ができるということです．このことをはっきりと述べることばを導入しましょう．

xy 平面の点 R に対し，ベクトル $\overrightarrow{OR}$ のことを R の**位置ベクトル**といいます．このとらえ方により，点 R を求めるという図形の問題を，位置ベクトル $\overrightarrow{OR}$ を求めるというベクトルの問題に置き換えることができて，それはしばしば問題解決の有効な方法となります．具体的には第 3 章と第 5 章でこの方法が活躍しますので，そこで位置ベクトルの有効性を実感できると思います．

特別なベクトルとして，ゼロベクトル $\vec{0}$ というものがありました．ゼロベクトルは始点と終点が一致しているベクトルでしたから，数ベクトルで表すときには終点も原点 O となることから，

$$(2.3) \qquad \vec{0} = (0,0)$$

となります．

数ベクトルについて少し練習してみましょう．

例題 2.1 (1) 次の数ベクトルを図示せよ．
$$\vec{u} = (1,2), \quad \vec{v} = (-2,5), \quad \vec{w} = (-2,-3)$$
(2) 次図のベクトル $\vec{u}$ を数ベクトルとして表せ．

第 2 章 ベクトルを数値で表す

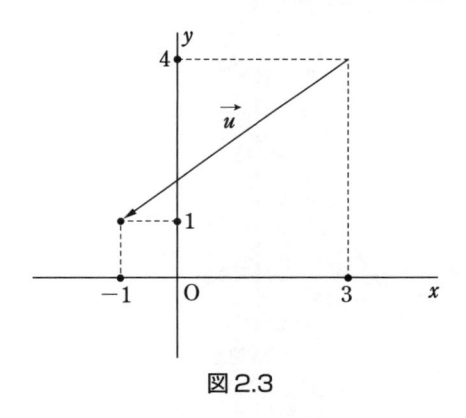

図 2.3

解 (1) 下図のとおり．

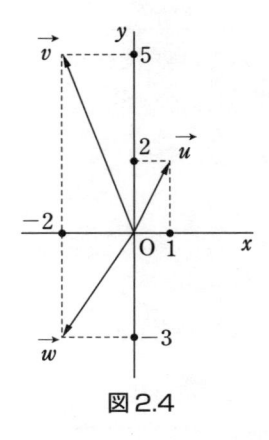

図 2.4

(2) 次図のように始点が O に来るように平行移動することで，$\vec{u} = (-4, -3)$ となることがわかる．■

図 2.5

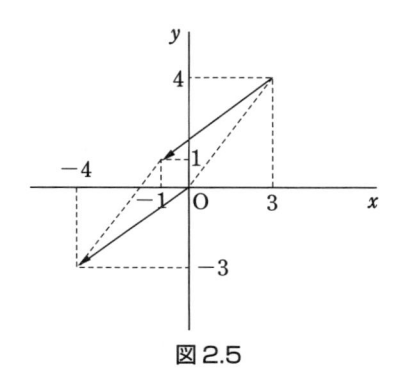

少し戻って，図 2.2 における 3 点 P，Q，R の関係を考えてみましょう．はじめに 2 点 P，Q が与えられていて，それらから決まるベクトル $\overrightarrow{PQ}$ を平行移動して，始点を原点 O にもっていったときの終点が点 R でした．このことから，3 点 P，Q，R の座標の間の関係式が得られます．P の座標が (x_1, y_1)，Q の座標が (x_2, y_2)，R の座標が (a, b) でした．

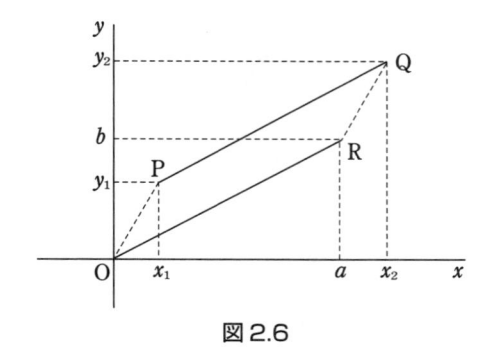

図 2.6

第2章 ベクトルを数値で表す

四角形 ORQP が平行四辺形となることから，これらの間に

$$x_2 - x_1 = a, \quad y_2 - y_1 = b$$

が成り立ちます．

つまり，$P(x_1, y_1)$ を始点，$Q(x_2, y_2)$ を終点とするベクトル $\vec{u}$ は，

(2.4) $$\vec{u} = \overrightarrow{PQ} = (x_2 - x_1, y_2 - y_1)$$

により数ベクトルとして表されることがわかりました．またこれを位置ベクトルを用いて表すと，

(2.5) $$\overrightarrow{PQ} = \overrightarrow{OQ} - \overrightarrow{OP}$$

となります．これも重要な関係式ですので，覚えて下さい．

例題 2.2 xy 平面上の点 $P_1(2,5)$, $P_2(0,-3)$, $P_3(-1,2)$, $P_4(2,0)$, $P_5(-3,-2)$ について，次のベクトルを数ベクトルとして表せ．

$$\overrightarrow{P_1P_2}, \ \overrightarrow{P_3P_4}, \ \overrightarrow{P_1P_4}, \ \overrightarrow{P_1P_5}, \ \overrightarrow{P_2P_5}, \ \overrightarrow{P_2P_3}$$

解 (2.4) を適用すればよい．

$$\overrightarrow{P_1P_2} = (0-2, -3-5) = (-2, -8)$$
$$\overrightarrow{P_3P_4} = (2-(-1), 0-2) = (3, -2)$$
$$\overrightarrow{P_1P_4} = (2-2, 0-5) = (0, -5)$$
$$\overrightarrow{P_1P_5} = (-3-2, -2-5) = (-5, -7)$$
$$\overrightarrow{P_2P_5} = (-3-0, -2-(-3)) = (-3, 1)$$
$$\overrightarrow{P_2P_3} = (-1-0, 2-(-3)) = (-1, 5) \quad \blacksquare$$

図2.7

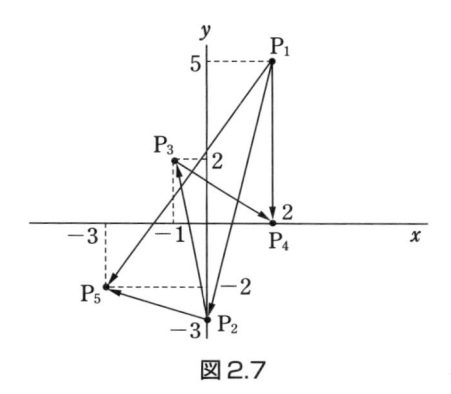

　数ベクトル (a, b) は，点 (a, b) を終点とするベクトルでしたが（始点は O），別のとらえ方をすることができます．

　xy 平面上の勝手な点 P を取ります．P から x 方向に a だけ移動し，そののち y 方向に b だけ移動します．こうしてたどり着いた点を Q とするとき，P を始点，Q を終点とするベクトルが (a, b) となります．

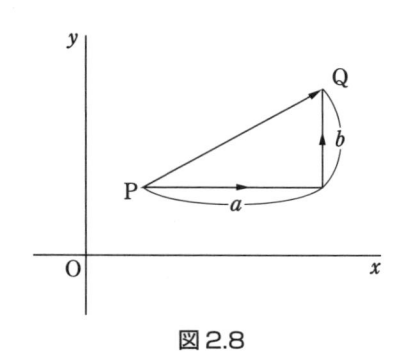

図2.8

第2章 ベクトルを数値で表す

図 2.8 は $a > 0$, $b > 0$ の場合ですが，$a < 0$ のときは x 方向左に $|a|$ だけ移動，$b < 0$ のときは y 方向下に $|b|$ だけ移動することとします．また $a = 0$ のときは x 方向の移動はなし，$b = 0$ のときは y 方向の移動はなしとします．

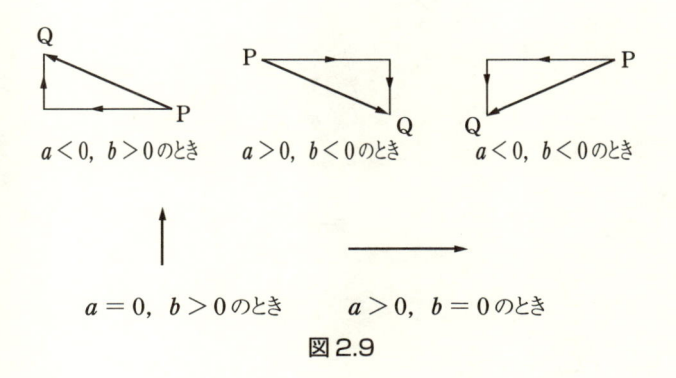

$a < 0, \ b > 0$ のとき　　$a > 0, \ b < 0$ のとき　　$a < 0, \ b < 0$ のとき

$a = 0, \ b > 0$ のとき　　$a > 0, \ b = 0$ のとき

図 2.9

これも練習してみましょう．

例題 2.3 次の数ベクトルを，点 $\mathrm{P}(2, 1)$ を始点とするベクトルとして図示せよ．

$\vec{u_1} = (1, 2), \quad \vec{u_2} = (2, 2), \quad \vec{u_3} = (-3, 2), \quad \vec{u_4} = (1, 0),$
$\vec{u_5} = (-3, -2), \quad \vec{u_6} = (1, -2), \quad \vec{u_7} = (0, -4), \quad \vec{u_8} = (-1, -4)$

解 図 2.10 のとおり．■

図2.10

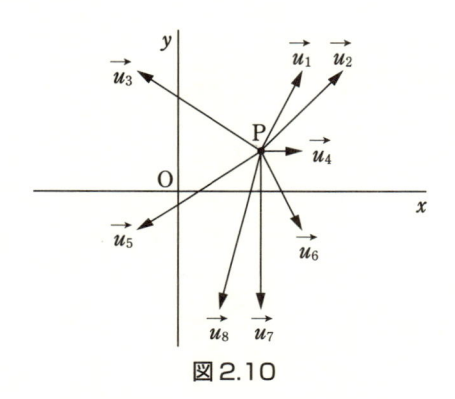

　このように，数ベクトルを運動（移動）の結果得られるものとしてとらえるのも重要なとらえ方です．まとめてみますと，

数ベクトル(a, b)
　　$\iff$ 点 (a, b) を終点とするベクトル（始点は O）
　　$\iff x$ 方向に a，y 方向に b 移動したときのスタートとゴールを結ぶ矢印

という2つのとらえ方ができるのでした．このように複数のとらえ方ができることで，ベクトルの性質が調べやすくなります．

《数ベクトルの和とスカラー倍》

　ベクトルには和とスカラー倍が定義されていました．そのうちまず和について，数ベクトルではどのようになるのかを

考えてみます．2つの数ベクトルの和はどのような数ベクトルになるのでしょうか．これを考えるには，数ベクトルの第2のとらえ方，すなわち運動（移動）の結果としてとらえるとらえ方が有効です．

2つの数ベクトルを $\vec{u} = (a_1, a_2)$, $\vec{v} = (b_1, b_2)$ としましょう．xy 平面上の勝手な点 P を取り，それを $\vec{u}$ の始点とします．すると $\vec{u} = (a_1, a_2)$ の終点 Q は，P から x 方向に a_1, y 方向に a_2 だけ移動したところにあります．

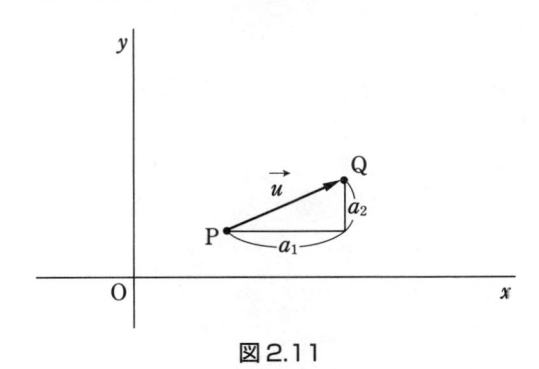

図2.11

和 $\vec{u} + \vec{v}$ は，$\vec{u}$ の始点を始点とするベクトルで，その終点は $\vec{v}$ の始点を $\vec{u}$ の終点に合わせたときの $\vec{v}$ の終点となるのでした．そこで今度は $\vec{u}$ の終点 Q からスタートして，x 方向に b_1, y 方向に b_2 だけ移動すると，$\vec{v} = (b_1, b_2)$ の終点 R に到達します．したがってこのとき，

$$(2.6) \qquad \vec{u} + \vec{v} = \overrightarrow{\mathrm{PR}}$$

となります．

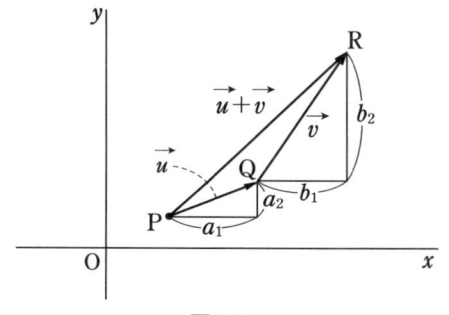

図2.12

ここでPからRへは，どのようにしてたどり着いたかを考えてみましょう．x方向については，はじめa_1だけ移動してそのあとb_1だけ移動していますから，合わせてa_1+b_1だけ移動したことになります．y方向についても同様で，合わせてa_2+b_2だけ移動したことになります．したがって

(2.7) $$\overrightarrow{PR} = (a_1+b_1, a_2+b_2)$$

が成り立ちます．

こうして (2.6) と (2.7) から，数ベクトルの和の公式

(2.8) $$(a_1,a_2)+(b_1,b_2) = (a_1+b_1, a_2+b_2)$$

が得られました．つまり2つの数ベクトルの和は，x成分同士の和およびy成分同士の和をそれぞれx成分，y成分とする数ベクトルになるのです．

例 $(2,3)+(-1,4)=(1,7)$, $(5,0)+(-5,0)=(0,0)$

次に，数ベクトルのスカラー倍はどのような数ベクトルに

なるのか考えましょう．この場合は数ベクトルの第1のとらえ方，つまり原点を始点としたときの終点の座標というとらえ方が役に立ちます．

数ベクトル (a,b) とスカラー c をもってきます．数ベクトル (a,b) は，原点を始点とし，点 (a,b) を終点とするベクトルでした．$c>0$ の場合は，その c 倍，すなわち $c(a,b)$ は，(a,b) と同じ向きで長さを c 倍したベクトルとなります．$c(a,b)$ の始点も原点にもってくると，図2.13のようになります．

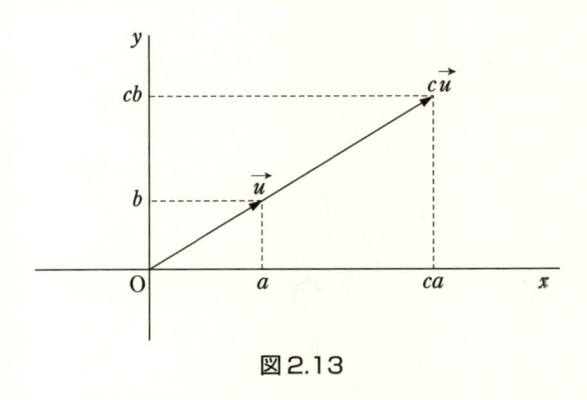

図2.13

するとその終点の x 座標は ca，y 座標は cb となります．したがって

(2.9) $$c(a,b) = (ca, cb)$$

が成り立ちます．

$c=0$ の場合は，(a,b) が何であっても $0(a,b) = \vec{0}$ であり，また (2.3) にあるとおり $\vec{0} = (0,0)$ でしたから，やはり (2.9) が成り立ちます．

$c<0$ の場合は，$c(a,b)$ は $|c|(a,b)$ と反対向きのベクトルと

なりますから，図 2.14 のように考えると，その x 座標は ca, y 座標は cb となり，やはり (2.9) が成り立ちます．

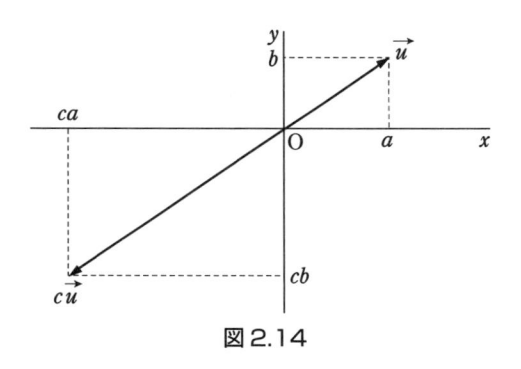

図2.14

例　$2(5, 8) = (10, 16)$, $\quad -3(1, -1) = (-3, 3)$

数ベクトルの和とスカラー倍をどのように計算するかを考えてきました．その結果をまとめましょう．

$$(a_1, a_2) + (b_1, b_2) = (a_1 + b_1, a_2 + b_2) \tag{2.10}$$
$$c(a, b) = (ca, cb)$$

これら 2 つの公式を組み合わせると，いろいろな計算が可能になります．たとえば

$$(2, -3) + 4(-1, 3) - (5, 8) = (2, -3) + (-4, 12) - (5, 8)$$
$$= (2 - 4 - 5, -3 + 12 - 8)$$
$$= (-7, 1)$$

といった具合です．このような計算を絵で求めようとすると大変ですが，公式 (2.10) によれば単純計算で答えが得られる

ことになります.

問 2.1 $\vec{u} = (3, 1)$, $\vec{v} = (6, 4)$ に対し,$5\vec{u} - 4\vec{v}$ を求めよ.

問 2.2 $(3, a) = c(5, 2)$ が成り立つように,定数 a の値を定めよ.

第3章 図形とベクトル　その1

　ベクトルを用いると，様々な図形の問題を解いたり，見通しを立てることができます．この章では，直線や線分に関する問題を，ベクトルを用いて解いていきましょう．

[問題1]　xy 平面上に2点 P, Q が与えられたとき，P, Q を通る直線 ℓ を求めよ．

解答　P, Q の座標を，$P(a_1, a_2)$, $Q(b_1, b_2)$ としましょう．ℓ 上の点を X とするとき，その座標 (x, y) を P, Q の座標を用いて表すのが目標です．

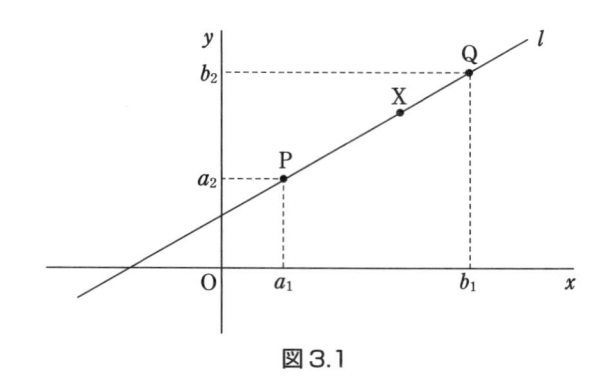

図3.1

オーソドックスな方法として，求める直線 ℓ の方程式を
$$y = mx + b$$

第3章 図形とベクトル その1

とおいて，2点P，Qがこの上に乗っているという条件から傾き m と切片 b を求める，というやり方があります．しかしここではベクトルの考え方を用いて取り組んでみましょう．

まず，ベクトル $\overrightarrow{PQ}$ は，直線 ℓ と平行になっていることに注意します．さらにそのスカラー倍 $t\overrightarrow{PQ}$ も ℓ と平行になります．

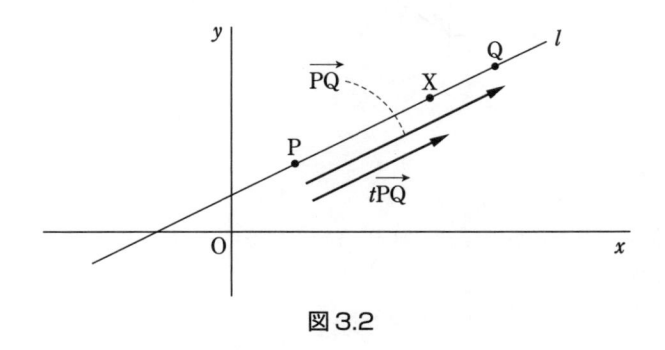

図 3.2

ここで t は任意の実数であるとすると，$t\overrightarrow{PQ}$ は $\overrightarrow{PQ}$ と同じ向きあるいは反対向きのあらゆる長さのベクトルを表すことになります．したがって $t\overrightarrow{PQ}$ の始点をPにもってくれば，その終点は ℓ 上の任意の点を表すことになります．ということは，ベクトル

(3.1) $$\overrightarrow{OX} = \overrightarrow{OP} + t\overrightarrow{PQ}$$

を作り，これを位置ベクトルと考えると，その終点Xが直線 ℓ 上の点を表すということです．

図 3.3

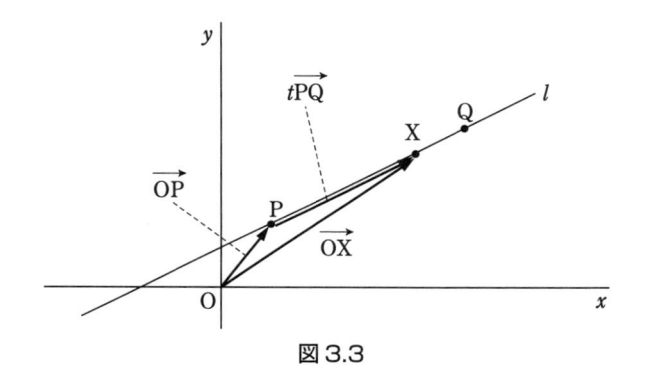

　さて点 X の座標 (x,y) は，ベクトル $\overrightarrow{\mathrm{OX}}$ を数ベクトルとして表せば求められます．$\overrightarrow{\mathrm{OP}} = (a_1, a_2)$, $\overrightarrow{\mathrm{PQ}} = (b_1 - a_1, b_2 - a_2)$ ですから，

$$(x, y) = (a_1, a_2) + t(b_1 - a_1, b_2 - a_2)$$
$$= (a_1 + t(b_1 - a_1), a_2 + t(b_2 - a_2))$$

となります．つまり直線 ℓ 上の点の座標 (x, y) が，

$$(3.2) \quad \begin{cases} x = a_1 + t(b_1 - a_1) \\ y = a_2 + t(b_2 - a_2) \end{cases}$$

のように表されました．ここで t は自由に動ける変数で，**媒介変数**（あるいは**助変数**，**パラメーター**）と呼ばれます．そして媒介変数を用いて図形（いまの場合は直線）を表す方法を，**媒介変数表示**（あるいは**助変数表示**，**パラメーター表示**）といいます．ということで，ベクトルを用いることで，指定された 2 点を通る直線の媒介変数表示が得られました．■

例題 3.1　2 点 $(3, -1)$, $(7, 8)$ を通る直線を求めよ．

解　(3.2) を使うと，求める直線の媒介変数表示として
$$\begin{cases} x = 3 + 4t \\ y = -1 + 9t \end{cases}$$
が得られる．これから t を消去すると $9x - 4y = 31$ となる．このままでもよいが，書きかえると，
$$y = \frac{9}{4}x - \frac{31}{4}$$
という直線の方程式が得られる．■

　この考え方を進めて，もっと複雑な問題にも取り組んでみましょう．

問題 2　線分 PQ の中点を求めよ．

解答　中点とは，2 等分点のことです．線分 PQ の中点を R とするとき，位置ベクトル $\overrightarrow{\text{OR}}$ を求めることにします．P を始点として $\overrightarrow{\text{PQ}}$ の長さを半分にしたベクトルを書けば，その終点が求める中点 R となります．よって位置ベクトル $\overrightarrow{\text{OR}}$ を得るためには，O から P に行き，それに $\frac{1}{2}\overrightarrow{\text{PQ}}$ を加えればよいことになります．したがって

(3.3) $$\overrightarrow{\text{OR}} = \overrightarrow{\text{OP}} + \frac{1}{2}\overrightarrow{\text{PQ}}$$

となります．

図3.4

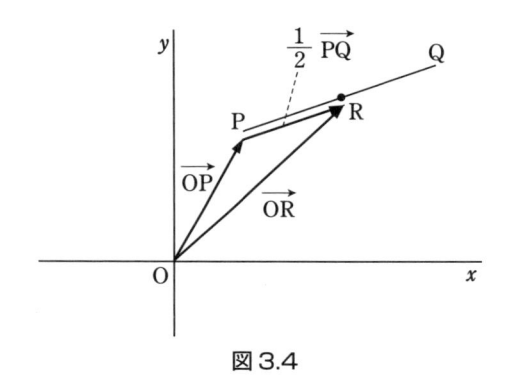

あるいは次のような表現も可能です．(2.5) のとおり

(3.4) $$\overrightarrow{PQ} = \overrightarrow{OQ} - \overrightarrow{OP}$$

なので，これを (3.3) の右辺に代入すると，

$$\overrightarrow{OP} + \frac{1}{2}\overrightarrow{PQ} = \overrightarrow{OP} + \frac{1}{2}(\overrightarrow{OQ} - \overrightarrow{OP})$$
$$= \left(1 - \frac{1}{2}\right)\overrightarrow{OP} + \frac{1}{2}\overrightarrow{OQ}$$
$$= \frac{1}{2}\overrightarrow{OP} + \frac{1}{2}\overrightarrow{OQ}$$

と計算されます．すなわち

(3.5) $$\overrightarrow{OR} = \frac{1}{2}\overrightarrow{OP} + \frac{1}{2}\overrightarrow{OQ}$$

という表示も成り立ちます．(3.3) と (3.5) は同じ内容を表していますが，P，Q について対称的な (3.5) の表示の方が，中点らしい雰囲気を伝えていますね．

これらの表示を用いて，中点の座標を求めることもできます．P，Q の座標をそれぞれ (a_1, a_2)，(b_1, b_2) とおくと，こ

第 3 章 図形とベクトル その 1

れらは数ベクトルとしてそれぞれ $\overrightarrow{OP}$, $\overrightarrow{OQ}$ を表すものでもあるので，(3.5) に代入することで中点 R の座標が

(3.6) $$\left(\frac{a_1+b_1}{2}, \frac{a_2+b_2}{2}\right)$$

で与えられることがすぐにわかります．■

この考え方をもう少し進めると，線分の内分点を求めることもできます．内分点というのは，たとえば線分 PQ を $2:1$ の比に内分する点とは，$PS:SQ = 2:1$ となる線分 PQ 上の点 S のことで，これは線分 PQ を $2+1=3$ 等分したときの P から 2 つ目の分点になります．

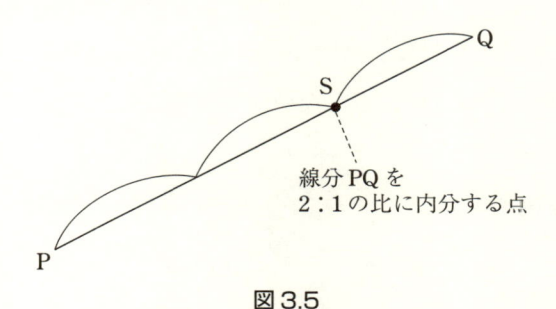

線分 PQ を
2 : 1 の比に内分する点

図 3.5

すると線分 PS の長さは線分 PQ の長さの $\dfrac{2}{3}$ となるので，

$$\overrightarrow{PS} = \frac{2}{3}\overrightarrow{PQ}$$

が得られます．これから S の位置ベクトルが，

(3.7) $$\overrightarrow{OS} = \overrightarrow{OP} + \frac{2}{3}\overrightarrow{PQ}$$

として求められます．あるいは (3.4) を用いると，

$$\overrightarrow{\mathrm{OS}} = \overrightarrow{\mathrm{OP}} + \frac{2}{3}(\overrightarrow{\mathrm{OQ}} - \overrightarrow{\mathrm{OP}})$$

(3.8)
$$= \left(1 - \frac{2}{3}\right)\overrightarrow{\mathrm{OP}} + \frac{2}{3}\overrightarrow{\mathrm{OQ}}$$

$$= \frac{1}{3}\overrightarrow{\mathrm{OP}} + \frac{2}{3}\overrightarrow{\mathrm{OQ}}$$

という表示も得られます．(3.8) より，S の座標が

$$\left(\frac{a_1 + 2b_1}{3}, \frac{a_2 + 2b_2}{3}\right)$$

となることもわかります．

　一般に m, n を自然数とするとき，線分 PQ を $m:n$ の比に内分する点 U についても同様に求めることができます．U は線分 PQ を $(m+n)$ 等分したときの P から m 番目の分点で，このことから線分 PU の長さが線分 PQ の長さの $\dfrac{m}{m+n}$ 倍となることがわかり，したがって U の位置ベクトルが

(3.9)
$$\overrightarrow{\mathrm{OU}} = \overrightarrow{\mathrm{OP}} + \frac{m}{m+n}\overrightarrow{\mathrm{PQ}}$$

として得られます．やはり (3.4) を用いると，別な表示

(3.10)
$$\overrightarrow{\mathrm{OU}} = \frac{n}{m+n}\overrightarrow{\mathrm{OP}} + \frac{m}{m+n}\overrightarrow{\mathrm{OQ}}$$

も得られ，これから U の座標が

(3.11)
$$\left(\frac{na_1 + mb_1}{m+n}, \frac{na_2 + mb_2}{m+n}\right)$$

となることがわかります．

第 3 章 図形とベクトル その 1

線分 PQ を $m:n$ の
比に内分する点

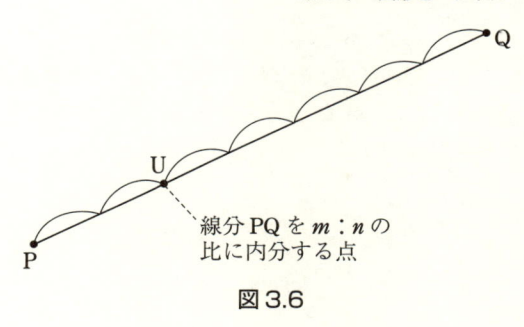

図 3.6

例題 3.2 $P(1,2)$, $Q(7,-1)$ とするとき,線分 PQ を $2:1$ の比に内分する点を求めよ.

解 (3.11) を使うと,求める内分点の座標は
$$\left(\frac{1+2\times 7}{3}, \frac{2+2\times(-1)}{3}\right) = \left(\frac{1+14}{3}, \frac{2-2}{3}\right) = (5,0)$$
となる. ∎

線分 PQ の内分点を表す表示 (3.3), (3.7), (3.9) を見ると,すべて直線上の点を表す表示 (3.1) の形になっていて,t の値がそれぞれ $\dfrac{1}{2}$, $\dfrac{2}{3}$, $\dfrac{m}{m+n}$ の場合であることがわかります.これらの値はすべて $0 \leqq t \leqq 1$ の範囲に入っていますが,それは実は当然のことです.というのは,これらの場合に t の値は,P から分点までの長さが線分 PQ の何倍になるかを表すものなので,分点が線分 PQ に載っているためには $0 \leqq t \leqq 1$ でなくてはならないからです.

このように見ると,(3.1) における媒介変数 t の値により,

直線上の点 X がどの位置にあるのかがわかります．まず $0 \leq t \leq 1$ のときには，X は線分 PQ 上にあります．また $t > 1$ のときには，X は Q より先にあり，$t < 0$ のときには，X は P より先にあることになります．

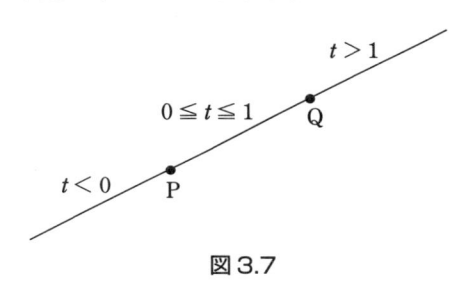

図3.7

また，線分 PQ の内分点の表示に，(3.5), (3.8), (3.10) のように $\overrightarrow{OP}$ と $\overrightarrow{OQ}$ を用いたものがありましたが，直線 ℓ 上の一般の点 X を表す (3.1) に対しても同様の表示が得られます．すなわち (3.1) に (3.4) を用いると，

$$(3.12) \quad \begin{aligned} \overrightarrow{OX} &= \overrightarrow{OP} + t(\overrightarrow{OQ} - \overrightarrow{OP}) \\ &= (1-t)\overrightarrow{OP} + t\overrightarrow{OQ} \end{aligned}$$

が得られます．これに合わせて，(3.2) の媒介変数表示も，

$$(3.13) \quad \begin{cases} x = (1-t)a_1 + tb_1 \\ y = (1-t)a_2 + tb_2 \end{cases}$$

のように表すこともできます．

以上いろいろなことを発展的に述べてきました．ここでどの部分が大事なのかをはっきりさせるため，いくつかのポイ

第3章 図形とベクトル その1

ントを挙げてこれまでの話をまとめてみましょう.

ポイント1 2点 P, Q を通る直線上の点を表す位置ベクトルは

(3.14) $$\overrightarrow{OP} + t\overrightarrow{PQ}$$

で与えられる.

ポイント2 これを

(3.15) $$(1-t)\overrightarrow{OP} + t\overrightarrow{OQ}$$

と表すこともできる.

ポイント3 これらの表示において, $0 \leqq t \leqq 1$ なら線分 PQ 上の点を, $t > 1$ なら Q より先の点を, $t < 0$ なら P より先の点を表す.

ポイント4 線分 PQ を $m : n$ の比に内分する点を表す位置ベクトルは,

(3.16) $$\frac{n}{m+n}\overrightarrow{OP} + \frac{m}{m+n}\overrightarrow{OQ}$$

で与えられる.

ポイント5 以上のポイントのうち, ポイント1は公式として覚えなくても, 考え方を理解していれば自分で導くことができる. ポイント2~4は, ポイント1からやはり自分で導くことができる.

最後に，いくつか応用的な問題に取り組んでみましょう．

問題3 2点 P, Q を通る直線と，別の 2 点 R, S を通る直線との交点を求めよ．

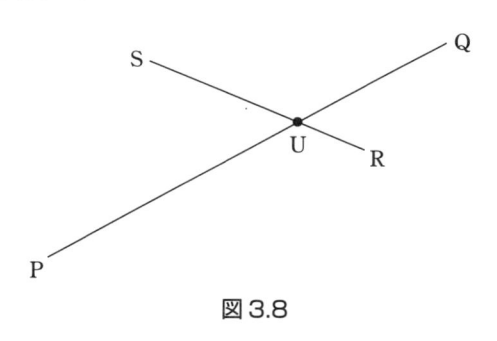

図 3.8

解答 P, Q を通る直線上の点を表す位置ベクトルは，ポイント 1 の (3.14) にあるように

$$\overrightarrow{OP} + t\overrightarrow{PQ} \tag{3.17}$$

で与えられ，また同様に R, S を通る直線上の点を表す位置ベクトルは，

$$\overrightarrow{OR} + s\overrightarrow{RS} \tag{3.18}$$

で与えられます．ここでそれぞれの媒介変数は同じ値を取るとは限らないので，t と s というように違う文字を当てていることに注意して下さい．求める交点を U とおくと，U は両方の直線上の点なので，

$$\overrightarrow{OU} = \overrightarrow{OP} + t\overrightarrow{PQ} = \overrightarrow{OR} + s\overrightarrow{RS} \tag{3.19}$$

第3章 図形とベクトル その1

となっています．この関係式から媒介変数の値 t, s が求まれば，それらを (3.17) あるいは (3.18) に戻してやると，U の位置ベクトルが求まることになります．

以上を具体的に実行するため，P, Q, R, S の座標を与えます．$P(a_1, a_2)$, $Q(b_1, b_2)$, $R(c_1, c_2)$, $S(d_1, d_2)$ としましょう．(3.19) の 2 番目の等号を数ベクトルとして表すと，

$$(3.20)$$
$$(a_1+t(b_1-a_1), a_2+t(b_2-a_2)) = (c_1+s(d_1-c_1), c_2+s(d_2-c_2))$$

となります．これを成分別に書くと，t, s についての連立1次方程式

$$(3.21) \quad \begin{cases} a_1 + t(b_1 - a_1) = c_1 + s(d_1 - c_1) \\ a_2 + t(b_2 - a_2) = c_2 + s(d_2 - c_2) \end{cases}$$

が得られます．これを解くと，t については

$$t = \frac{a_2(d_1 - c_1) - a_1(d_2 - c_2) + c_1 d_2 - c_2 d_1}{(b_1 - a_1)(d_2 - c_2) - (b_2 - a_2)(d_1 - c_1)}$$

が得られます．この t の値を (3.17)，数ベクトルで書くと

$$\overrightarrow{OP} + t\overrightarrow{PQ} = (a_1 + t(b_1 - a_1), a_2 + t(b_2 - a_2))$$

に代入することで，交点 U の座標が求まります．計算は省略して結果だけ書けば，

$$(3.22) \quad \left(\frac{(b_1 - a_1)(c_1 d_2 - c_2 d_1) - (d_1 - c_1)(a_1 b_2 - a_2 b_1)}{(b_1 - a_1)(d_2 - c_2) - (b_2 - a_2)(d_1 - c_1)}, \right.$$

$$\left. \frac{(b_2 - a_2)(c_1 d_2 - c_2 d_1) - (d_2 - c_2)(a_1 b_2 - a_2 b_1)}{(b_1 - a_1)(d_2 - c_2) - (b_2 - a_2)(d_1 - c_1)} \right)$$

となります．■

問 3.1 この計算を実行せよ．

1つ注意しておきましょう．(3.22) の x 成分および y 成分の分母は

$$(3.23) \qquad (b_1 - a_1)(d_2 - c_2) - (b_2 - a_2)(d_1 - c_1)$$

で，これは 0 になっては困ります．そこでこの値がいつ 0 になるのかを考えると，2 つのベクトル $\overrightarrow{PQ}$ と $\overrightarrow{RS}$ の一方が他方のスカラー倍になるときであることがわかります．これは 2 つの直線が平行になる（あるいは特別なケースとして一致してしまう）場合となり，すると確かに交点は存在しない（一致するときには無数にある）ことになります．そのような場合を除外すれば，交点がきちんと求められることがわかりました（厳密に言うと，P と Q（あるいは R と S）が同じ点になって，直線が決まらないという場合にも (3.23) は 0 になり，この場合にも交点は定まりません）．

問題 4　$\triangle ABC$ において，辺 BC の中点を D，辺 CA の中点を E，辺 AB の中点を F とするとき，線分 AD，BE，CF は 1 点で交わり，その交点はそれぞれの線分を $2:1$ の比に内分することを示せ．

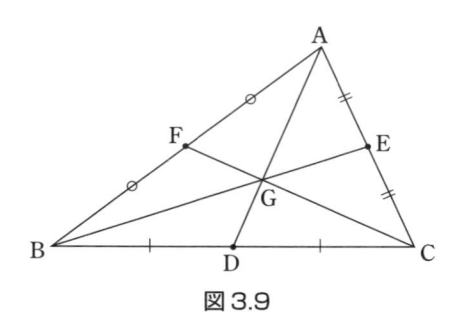

図 3.9

第3章 図形とベクトル その1

この交点 G は，△ABC の**重心**と呼ばれる点です．厚紙で三角形を作り，この点に下から指を当てて持ち上げると，三角形をこの1点だけで支えることができるからです．そのような点を，作図で求めることができる，というのがこの問題です．

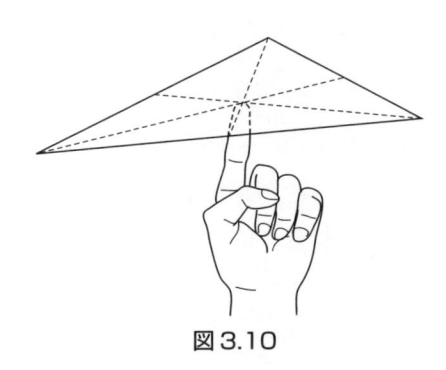

図3.10

解答 いろいろなやり方で解くことができますが，ここではベクトルを用いて解いてみましょう．線分の内分点の求め方，2本の直線の交点の求め方を学んできましたので，それを応用します．線分 AD と CF の交点を G とおき，その位置ベクトルを求めようと思います．

A

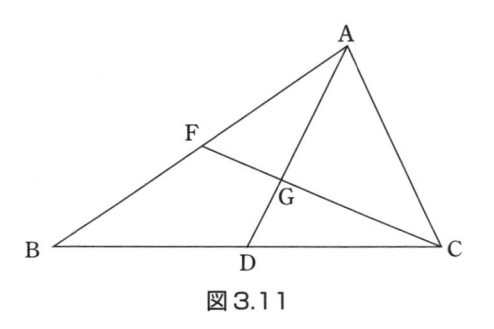

F

G

B　　　D　　　C

図3.11

3点 A, B, C の位置ベクトルを,

$$\overrightarrow{OA} = \vec{a}, \ \overrightarrow{OB} = \vec{b}, \ \overrightarrow{OC} = \vec{c}$$

とおいておきます．まず D は線分 BC の中点なので，(3.5)（あるいは (3.16) で $m:n=1:1$ の場合）により

$$\overrightarrow{OD} = \frac{1}{2}\vec{b} + \frac{1}{2}\vec{c}$$

となります．点 G は 2 点 A, D を通る直線上にあるので，その位置ベクトルは媒介変数 t を用いて

(3.24)
$$\begin{aligned}
\overrightarrow{OG} &= (1-t)\,\overrightarrow{OA} + t\,\overrightarrow{OD} \\
&= (1-t)\,\vec{a} + t\left(\frac{1}{2}\vec{b} + \frac{1}{2}\vec{c}\right) \\
&= (1-t)\,\vec{a} + \frac{t}{2}\vec{b} + \frac{t}{2}\vec{c}
\end{aligned}$$

となります（(3.15) を用いた）．同様に，F は線分 AB の中点なので，

$$\overrightarrow{OF} = \frac{1}{2}\vec{a} + \frac{1}{2}\vec{b}$$

が成り立ち，点 G が 2 点 C, F を通る直線上にあるので，s を媒介変数として

$$\overrightarrow{\text{OG}} = (1-s)\overrightarrow{\text{OC}} + s\overrightarrow{\text{OF}}$$
(3.25)
$$= (1-s)\vec{c} + s\left(\frac{1}{2}\vec{a} + \frac{1}{2}\vec{b}\right)$$
$$= \frac{s}{2}\vec{a} + \frac{s}{2}\vec{b} + (1-s)\vec{c}$$

となります.同じベクトル $\overrightarrow{\text{OG}}$ の2通りの表示が得られましたので,これらが等しいことから

(3.26) $\quad (1-t)\vec{a} + \dfrac{t}{2}\vec{b} + \dfrac{t}{2}\vec{c} = \dfrac{s}{2}\vec{a} + \dfrac{s}{2}\vec{b} + (1-s)\vec{c}$

という関係式が成り立ちます.問題3で見たように,これは t, s についての連立1次方程式なので,それを解くことで t と s の値が決まるはずです.

これをまじめに解くとすると,$\vec{a}$, $\vec{b}$, $\vec{c}$ を数ベクトルで表し(つまり3点 A, B, C の座標を設定し),(3.26) を (3.21) のように具体的に連立1次方程式として書き下して,それを解くことになるでしょうが,ここでは少し冒険をしてみましょう.(3.26) は,両辺の $\vec{a}$ の係数,$\vec{b}$ の係数,$\vec{c}$ の係数がそれぞれ一致すれば成り立ちます.そこでそのようなことが起こるかどうか,調べてみましょう.(3.26) の左辺の $\vec{a}$ の係数は $1-t$,右辺の $\vec{a}$ の係数は $\dfrac{s}{2}$ ですから,

$$1 - t = \frac{s}{2}$$

とします.同様に $\vec{b}$, $\vec{c}$ の係数についても両辺で等しいとおくと,いまの式と合わせて

$$\begin{cases} 1-t = \dfrac{s}{2} \\ \dfrac{t}{2} = \dfrac{s}{2} \\ \dfrac{t}{2} = 1-s \end{cases}$$

となります.この連立 1 次方程式は,未知数が 2 個に対して方程式が 3 本あるので,解を持つとは限りませんが,この場合は実は解けて

$$t = s = \dfrac{2}{3}$$

が得られます.問題 3 の最後のところで注意したように,2 つの直線が平行の向きになっていない限り,ベクトルを用いる方法で交点がただ 1 つに求まるので,解が存在したということはそれが唯一の解であることを表しています.よってこの冒険は成功したことになります.この t, s の値を (3.24) と (3.25) のそれぞれ第 1 式に代入すると,

$$\overrightarrow{OG} = \dfrac{1}{3}\overrightarrow{OA} + \dfrac{2}{3}\overrightarrow{OD}$$

$$\overrightarrow{OG} = \dfrac{1}{3}\overrightarrow{OC} + \dfrac{2}{3}\overrightarrow{OF}$$

となります.(3.16) によればこれらの式は,点 G が,線分 AD および CF をそれぞれ 2 : 1 の比に内分する点であることを表しています.

さて以上では線分 AD と CF の交点 G を考えましたが,同様に線分 AD と BE の交点 G′ を考えると,やはり点 G′ は線分 AD および BE をそれぞれ 2 : 1 の比に内分する点であることがわかります.すると点 G と G′ は,いずれも線分 AD を 2 : 1 の比に内分する点なので,実は同じ点です.したがっ

第3章 図形とベクトル その1

て3線分 AD, BE, CF は, 1点 G で交わることが示されました. さらに G がこの3線分をそれぞれ 2:1 の比に内分することも示されました. ∎

(3.24) または (3.25) の最後の式に $t = s = \dfrac{2}{3}$ を代入すると

$$(3.27) \qquad \overrightarrow{\mathrm{OG}} = \frac{1}{3}\vec{a} + \frac{1}{3}\vec{b} + \frac{1}{3}\vec{c}$$

が得られます. これは $\vec{a}, \vec{b}, \vec{c}$ について対称な形になっていて, 重心の位置ベクトルを表す美しい公式です.

例題 3.3 3点 $(0,0)$, $(5,0)$, $(4,3)$ を頂点とする三角形の重心を求めよ.

解 重心を G とおくと, (3.27) より

$$\begin{aligned}
\overrightarrow{\mathrm{OG}} &= \frac{1}{3}(0,0) + \frac{1}{3}(5,0) + \frac{1}{3}(4,3) \\
&= \left(\frac{9}{3}, \frac{3}{3}\right) = (3,1) \qquad \blacksquare
\end{aligned}$$

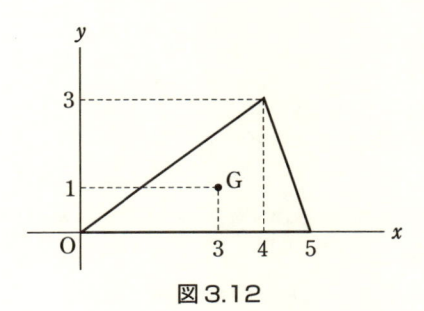

図 3.12

第4章　ベクトルの内積

2つのベクトルの間には和が定義されましたが，積は定義されません．しかし積とよく似た「内積」というものが定義され，これがベクトルの理論を豊かなものにしています．

《内積の定義》

内積の定義の仕方は主に2通りありますが，ここでは数ベクトルを用いた定義を与えましょう．$\vec{u} = (a_1, a_2)$, $\vec{v} = (b_1, b_2)$ を2つのベクトルとするとき，$\vec{u}$ と $\vec{v}$ の内積 $\vec{u} \cdot \vec{v}$ を

(4.1) $\qquad \vec{u} \cdot \vec{v} = (a_1, a_2) \cdot (b_1, b_2) = a_1 b_1 + a_2 b_2$

により定義します．つまり2つのベクトルの x 成分同士，y 成分同士の積を作り，それらを足し合わせたものが内積です．この定義は非常に簡単で，これがどのような意味を持つのかはすぐにはわかりませんが，計算はすぐできます．なお，内積の結果はベクトルにはならず，スカラーになることに注意して下さい．

例

$$(1,2) \cdot (3,4) = 1 \times 3 + 2 \times 4 = 3 + 8 = 11$$
$$(3,4) \cdot (1,2) = 3 \times 1 + 4 \times 2 = 3 + 8 = 11$$
$$(2,-1) \cdot (3,6) = 2 \times 3 + (-1) \times 6 = 6 - 6 = 0$$

この例からもわかると思いますが，内積については

第4章 ベクトルの内積

(4.2) $$\vec{u} \cdot \vec{v} = \vec{v} \cdot \vec{u}$$

が成り立ちます．証明は簡単で，

$$\begin{aligned}\vec{u} \cdot \vec{v} &= a_1 b_1 + a_2 b_2 \\ &= b_1 a_1 + b_2 a_2 \\ &= \vec{v} \cdot \vec{u}\end{aligned}$$

ということです．

さて，内積がベクトルの和やスカラー倍に対してどのように振る舞うのかを見てみましょう．$\vec{u} = (a_1, a_2)$, $\vec{v} = (b_1, b_2)$, $\vec{w} = (c_1, c_2)$ とおきます．

$$\begin{aligned}(\vec{u} + \vec{v}) \cdot \vec{w} &= (a_1 + b_1, a_2 + b_2) \cdot (c_1, c_2) \\ &= (a_1 + b_1)c_1 + (a_2 + b_2)c_2 \\ &= a_1 c_1 + b_1 c_1 + a_2 c_2 + b_2 c_2 \\ &= (a_1 c_1 + a_2 c_2) + (b_1 c_1 + b_2 c_2) \\ &= (a_1, a_2) \cdot (c_1, c_2) + (b_1, b_2) \cdot (c_1, c_2) \\ &= \vec{u} \cdot \vec{w} + \vec{v} \cdot \vec{w}\end{aligned}$$

となりますので，

(4.3) $$(\vec{u} + \vec{v}) \cdot \vec{w} = \vec{u} \cdot \vec{w} + \vec{v} \cdot \vec{w}$$

が成り立つことが証明できました．同様に

(4.4) $$\vec{u} \cdot (\vec{v} + \vec{w}) = \vec{u} \cdot \vec{v} + \vec{u} \cdot \vec{w}$$

も成り立ちます．また c をスカラーとすると，

$$\begin{aligned}(c\vec{u}) \cdot \vec{v} &= (ca_1, ca_2) \cdot (b_1, b_2) \\ &= ca_1 b_1 + ca_2 b_2 \\ &= c(a_1 b_1 + a_2 b_2) \\ &= c(\vec{u} \cdot \vec{v})\end{aligned}$$

となりますので，

(4.5) $$(c\vec{u}) \cdot \vec{v} = c(\vec{u} \cdot \vec{v})$$

が成り立つことが証明できました．同様に

(4.6) $$\vec{u} \cdot (c\vec{v}) = c(\vec{u} \cdot \vec{v})$$

も成り立ちます．

これらの公式は，ベクトルのところを数に置き換えて内積を積と考えると，数の和と積についてのなじみの式になっています．たとえば (4.3) などは

$$(2+3) \times 4 = 2 \times 4 + 3 \times 4$$

と同じ形の公式です．ここのあたりは内積は積と似ているのですが，もしベクトルに積が定義されるなら，その結果はスカラーではなくてベクトルとなるのが自然でしょう．その意味で，内積と積とは違うものと考えられます．

ゼロベクトルとの内積については，

(4.7) $$\vec{0} \cdot \vec{u} = \vec{u} \cdot \vec{0} = 0$$

が成り立つことが定義から直ちにわかります．これも数における積と似ているところですが，62ページの例の第3式にもあったように，$\vec{u} \cdot \vec{v} = 0$ だからといって，$\vec{u} = \vec{0}$ または $\vec{v} = \vec{0}$ であるとは限りません．こういったところも内積が積と異なるところでしょう．

ということで，ベクトルには内積というものが定義され，それは積とよく似た性質を持っているけれど，積に期待される性質をすべて持っているわけではないのです．

《ベクトルの回転と内積》

ベクトルの和やスカラー倍には，図形的な意味がついてい

第4章 ベクトルの内積

ました．実は内積にも図形的な意味がつけられ，そこが内積の重要なところです．

まずベクトルの長さと内積の関係を見てみましょう．ベクトル $\vec{u} = (a_1, a_2)$ の長さは $|\vec{u}|$ という記号で表されます．これは $\vec{u}$ の始点を原点にもってきたと考えると，原点と点 (a_1, a_2) との間の距離と見ることができるので，

$$(4.8) \qquad |\vec{u}| = \sqrt{a_1{}^2 + a_2{}^2}$$

となります．

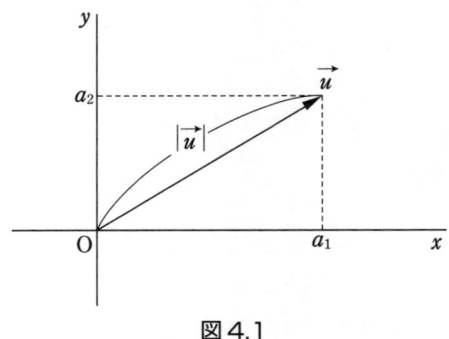

図 4.1

さて (4.8) の両辺を 2 乗してみると

$$|\vec{u}|^2 = a_1{}^2 + a_2{}^2$$

となりますが，この右辺は $\vec{u}$ と自分自身との内積 $\vec{u} \cdot \vec{u}$ と一致しています．

$$\vec{u} \cdot \vec{u} = a_1{}^2 + a_2{}^2$$

したがって

$$(4.9) \qquad |\vec{u}|^2 = \vec{u} \cdot \vec{u}$$

が成り立ちます．ここで初めて，内積に図形としてのベクトルとの関係が現れました．

もう少し進んでみましょう．ベクトルをある角度 θ だけ回転させると，向きが変わってしまうので異なるベクトルになりますが，その長さは変化しません．このことを，「ベクトルの長さは回転に関する**不変量**（変わらない量）である」といいます．

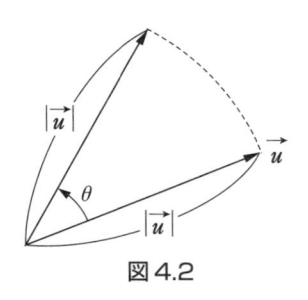

図4.2

(4.9) のように，ベクトルの長さと内積が関係していましたが，実は内積も回転に関する不変量となっています．つまり，2つのベクトル $\vec{u}$, $\vec{v}$ をそれぞれ同じ角度 θ だけ回転して得られるベクトルを $\vec{u'}$, $\vec{v'}$ とするとき，

(4.10) $$\vec{u} \cdot \vec{v} = \vec{u'} \cdot \vec{v'}$$

が成り立つのです．このことを示していきましょう．

$\vec{u} = (a_1, a_2)$, $\vec{v} = (b_1, b_2)$ とおきます．$\vec{u'}$ と $\vec{v'}$ の内積を求めたいので，これらを数ベクトルで表しましょう．しかしいきなり $\vec{u}$ を角度 θ 回転させたベクトルの成分を求めようとしても，よくわかりません．

第 4 章　ベクトルの内積

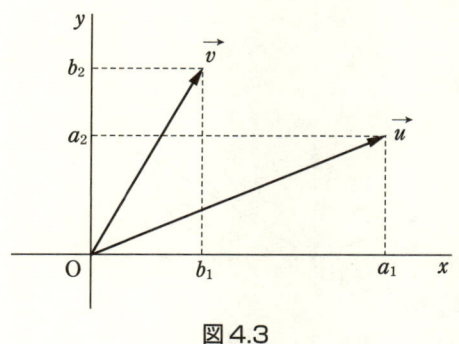

図 4.3

　そこでベクトルの特性を生かして，次のように考えることにします．ベクトル $\vec{u}$ を，都合の良いベクトルに「分解」するのです．まず $\vec{u} = (a_1, a_2)$ を，次のように 2 つのベクトルの和として表します．

$$(a_1, a_2) = (a_1, 0) + (0, a_2)$$

次の図を見るとわかるように，(a_1, a_2) を角度 θ 回転させたベクトルを求めるには，$(a_1, 0)$ と $(0, a_2)$ をいずれも角度 θ 回転させたベクトルを求め，それらの和を取ればよいのです．

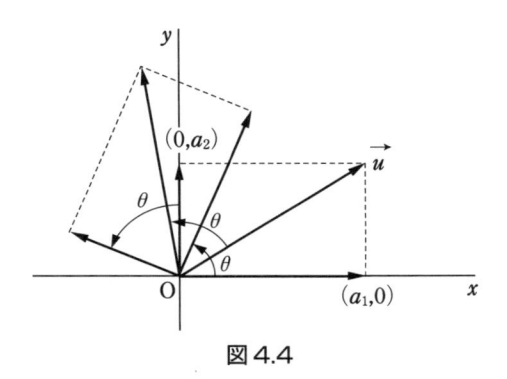

図 4.4

さらに

$$(a_1, 0) = a_1 (1, 0)$$

ですから，$(a_1, 0)$ を角度 θ 回転させたベクトルを求めるには，$(1, 0)$ を角度 θ 回転させてから a_1 倍すればよいのです．

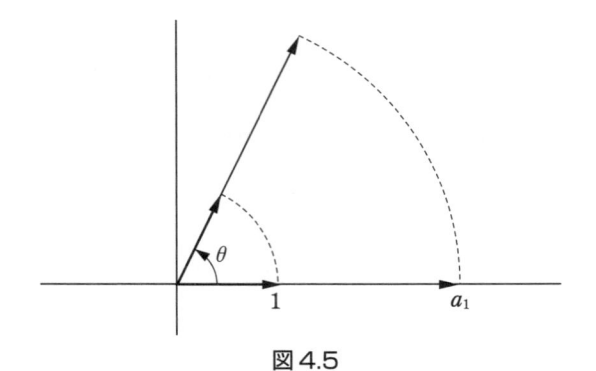

図 4.5

同様に，$(0, a_2)$ を角度 θ 回転させたベクトルを求めるには，

$$(0, a_2) = a_2 (0, 1)$$

第4章 ベクトルの内積

ですから,$(0,1)$ を角度 θ 回転させてから a_2 倍すればよいこともわかります.さらに $(0,1)$ は $(1,0)$ を $90° = \dfrac{\pi}{2}$ だけ回転させたものになっていますから,$(0,1)$ を角度 θ 回転させるということは,$(1,0)$ を角度 $\theta + \dfrac{\pi}{2}$ だけ回転させることになります.

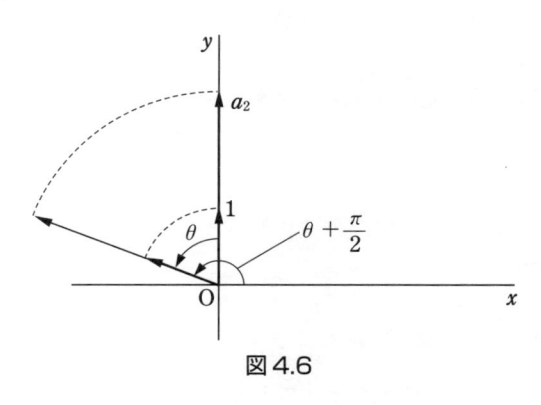

図 4.6

以上の手順を実行しましょう.まずベクトル $(1,0)$ を角度 θ 回転させると,

$$(\cos\theta, \sin\theta)$$

というベクトルになります.これは三角関数 $\sin\theta$, $\cos\theta$ の定義そのものです.またベクトル $(0,1)$ を角度 θ 回転させたベクトルは,

$$\left(\cos\left(\theta + \dfrac{\pi}{2}\right), \sin\left(\theta + \dfrac{\pi}{2}\right)\right) = (-\sin\theta, \cos\theta)$$

となります.$(a_1, 0)$, $(0, a_2)$ をいずれも角度 θ 回転させたベクトルは,これらをそれぞれ a_1 倍,a_2 倍したものですから,

$$(a_1, 0) \to (a_1 \cos\theta, a_1 \sin\theta)$$
$$(0, a_2) \to (-a_2 \sin\theta, a_2 \cos\theta)$$

となります．したがって，$\vec{u} = (a_1, a_2)$ を角度 θ 回転させたベクトル $\vec{u'}$ は，

(4.11)
$$\vec{u'} = (a_1 \cos\theta, a_1 \sin\theta) + (-a_2 \sin\theta, a_2 \cos\theta)$$
$$= (a_1 \cos\theta - a_2 \sin\theta, a_1 \sin\theta + a_2 \cos\theta)$$

となります．$\vec{v}$ に対しても全く同様のことを行うと，

$$\vec{v'} = (b_1 \cos\theta - b_2 \sin\theta, b_1 \sin\theta + b_2 \cos\theta)$$

が得られます．

問 4.1 ベクトル $(3, 2)$ を $30°$ 回転させて得られる数ベクトルを求めよ．

さてこれで内積 $\vec{u'} \cdot \vec{v'}$ を計算する準備が整いました．
$$\begin{aligned}\vec{u'} \cdot \vec{v'} &= (a_1 \cos\theta - a_2 \sin\theta)(b_1 \cos\theta - b_2 \sin\theta) \\ &\quad + (a_1 \sin\theta + a_2 \cos\theta)(b_1 \sin\theta + b_2 \cos\theta) \\ &= a_1 b_1 \cos^2\theta - a_1 b_2 \cos\theta\sin\theta - a_2 b_1 \sin\theta\cos\theta + a_2 b_2 \sin^2\theta \\ &\quad + a_1 b_1 \sin^2\theta + a_1 b_2 \sin\theta\cos\theta + a_2 b_1 \cos\theta\sin\theta + a_2 b_2 \cos^2\theta \\ &= a_1 b_1 (\cos^2\theta + \sin^2\theta) + a_2 b_2 (\sin^2\theta + \cos^2\theta) \\ &= a_1 b_1 + a_2 b_2 \\ &= \vec{u} \cdot \vec{v}\end{aligned}$$

となり，(4.10) が証明できました．なおここで，三角関数についての基本的な関係式

$$\sin^2\theta + \cos^2\theta = 1$$

を使いました．ベクトルの内積の定義は，

$(a_1, a_2) \cdot (b_1, b_2) = a_1 b_1 + a_2 b_2$ という,わりと安直に見えるものでしたが,そこに回転に関する不変性という深い性質が備わっていたのです.

いまの計算では,ベクトル $\vec{u} = (a_1, a_2)$ を
$$(a_1, a_2) = a_1 (1, 0) + a_2 (0, 1)$$
というように分解し,回転の計算を基本的なベクトル $(1, 0)$, $(0, 1)$ に帰着させて行いました.このように和とスカラー倍を用いてベクトルを分解することは,ベクトルにおける非常に重要な考え方です.このことについては,第6章であらためて学ぶことにします.

《内積の図形的な意味》

回転に関する不変性を利用して,内積の図形的な意味をとらえることができます.2つのベクトル $\vec{u}$, $\vec{v}$ の内積 $\vec{u} \cdot \vec{v}$ を考えます.$\vec{u}$ を回転して,ベクトル $(1, 0)$ と同じ向き(つまり水平右向き,x 軸の正の向き)にしたものを $\vec{u'}$ とします.すると $\vec{u'}$ の y 成分は 0 で,x 成分は $\vec{u}$ の長さです.すなわち
$$\vec{u'} = (|\vec{u}|, 0)$$
となります.

図 4.7

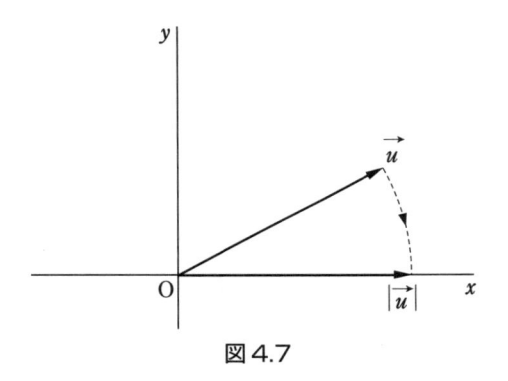

$\vec{v}$ も同じ角度だけ回転させ,そうして得られたベクトルを $\vec{v'}$ とおきましょう.すると回転不変性により $\vec{u}\cdot\vec{v}=\vec{u'}\cdot\vec{v'}$ となります.ここで $\vec{v'}=(c_1,c_2)$ とおくと,

(4.12) $\qquad \vec{u}\cdot\vec{v}=\vec{u'}\cdot\vec{v'}=(|\vec{u}|,0)\cdot(c_1,c_2)=c_1|\vec{u}|$

ということになります.

さてそこで c_1 を求めることにしましょう.$\vec{u}$ と $\vec{v}$ とのなす角度を θ とおきます.2つのベクトルのなす角度とは,2つのベクトルの始点を合わせたとき,一方をどれだけ回転させれば他方と同じ向きになるか,という角度です.

第4章 ベクトルの内積

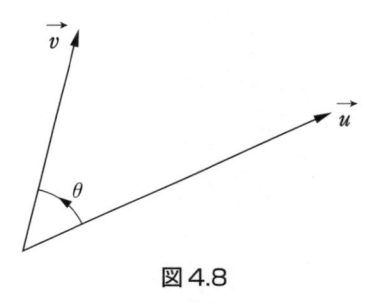

図4.8

そのような角度は，$0 \leq \theta \leq 2\pi$ の範囲に限って考えても2通りの測り方があります．つまり一方を θ とすると，$2\pi - \theta$ でもよいからです．

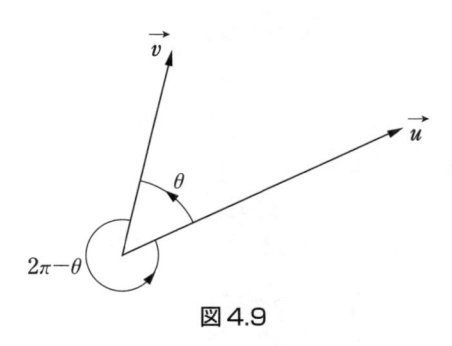

図4.9

そこで2つのベクトルのなす角度というときには，この2つある角度のどちらでもよい，ということにします．

$\vec{u'}$ と $\vec{v'}$ はそれぞれ $\vec{u}$, $\vec{v}$ を同じ角度だけ回転させたものですから，$\vec{u'}$ と $\vec{v'}$ のなす角度も θ です．そして $\vec{u'}$ は x 軸の正の向きをしているので，$\vec{v'}$ は x 軸から角度 θ だけ回転させた向きをしていることになります．

73

図 4.10

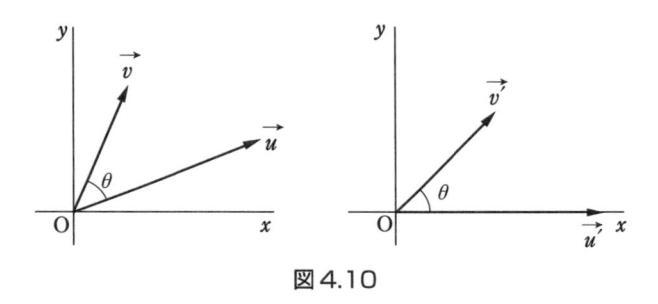

すると，$\vec{v'}$ をさらに回転させて x 軸の正の向きにしたときには

$$(|\vec{v'}|, 0) = (|\vec{v}|, 0)$$

となるのですから，これを θ 回転させたものとして，(4.11) より

$$\vec{v'} = (|\vec{v}|\cos\theta, |\vec{v}|\sin\theta)$$

がわかります．すなわち

$$c_1 = |\vec{v}|\cos\theta$$

が得られました．

これを (4.12) に代入して，次の定理が得られます．

定理 4.1 2 つのベクトル $\vec{u}$, $\vec{v}$ のなす角を θ とするとき，

(4.13) $$\vec{u}\cdot\vec{v} = |\vec{u}||\vec{v}|\cos\theta$$

が成り立つ．

これが内積の図形的な意味です．つまり 2 つのベクトルの内積とは，それぞれの長さの積に，2 つのベクトルのなす角度

の cos の値を乗じたものなのです．ただベクトルのなす角度には 2 つの測り方がありました．そのために内積の値が違ってしまうとおかしいのですが，

$$\cos(2\pi - \theta) = \cos\theta$$

が成り立つので，どちらの測り方をしても cos の値は同じなので，内積の値は変わりません．

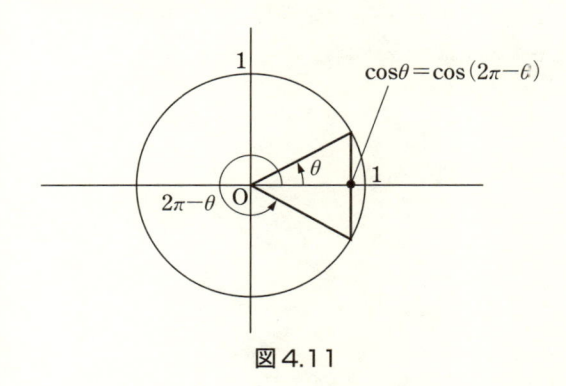

図 4.11

(4.13) より，$\vec{u} \neq \vec{0}$, $\vec{v} \neq \vec{0}$ のときには，$\vec{u}$ と $\vec{v}$ のなす角を θ とするとき

(4.14) $$\cos\theta = \frac{\vec{u}\cdot\vec{v}}{|\vec{u}||\vec{v}|}$$

が成り立ちます．これもよく使われる重要な公式です．

例題 4.1 2 つのベクトル $(1,2)$, $(3,4)$ のなす角を θ とするとき，$\cos\theta$ の値を求めよ．

解 公式 (4.14) により，

$$\cos\theta = \frac{1\cdot 3 + 2\cdot 4}{\sqrt{1^2+2^2}\sqrt{3^2+4^2}} = \frac{11}{5\sqrt{5}} \qquad\blacksquare$$

(4.13) の図形的な意味についてもう少し説明しましょう．$\vec{u}$ と $\vec{v}$ の始点をそろえます．そして $\vec{v}$ の終点から，$\vec{u}$ の載っている直線に垂線を下ろします．すると $\vec{u}$ と $\vec{v}$ の共通の始点を始点とし，その垂線の足を終点とするベクトルができます．これを $\vec{v}$ の $\vec{u}$ への**射影**と呼びます．

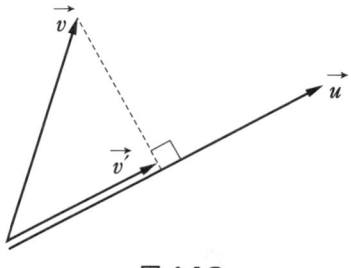

図 4.12

$\vec{v}$ の $\vec{u}$ への射影を $\vec{v'}$ とおきます．$\vec{u}$ と $\vec{v}$ のなす角を θ とするとき，$0 \leqq \theta < \dfrac{\pi}{2}$ または $\dfrac{3}{2}\pi < \theta \leqq 2\pi$ ならば $\vec{v'}$ は $\vec{u}$ と同じ向きのベクトル，$\dfrac{\pi}{2} < \theta < \dfrac{3}{2}\pi$ ならば $\vec{v'}$ は $\vec{u}$ と反対向きのベクトル，そして $\theta = \dfrac{\pi}{2}$ または $\theta = \dfrac{3}{2}\pi$ ならば $\vec{v'}$ はゼロベクトルとなります．

第4章 ベクトルの内積

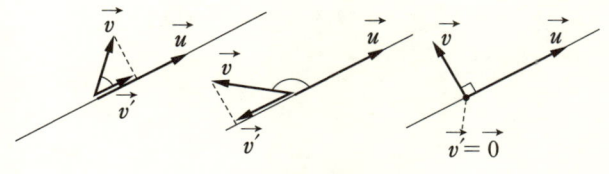

図4.13

また $\vec{v'}$ の長さは,

$$|\vec{v'}| = |\vec{v}||\cos\theta|$$

となることもすぐわかります.これを (4.13) と見比べると,

(4.15) $$|\vec{u}\cdot\vec{v}| = |\vec{u}||\vec{v'}|$$

が成り立つことがわかります.さらに $\cos\theta$ の正負と $\vec{u}$ と $\vec{v'}$ の向きを考え合わせれば,

(4.16) $\vec{u}\cdot\vec{v} = \begin{cases} |\vec{u}||\vec{v'}| & (\vec{v'} が \vec{u} と同じ向きのとき) \\ 0 & (\vec{u} と \vec{v} が直交するとき) \\ -|\vec{u}||\vec{v'}| & (\vec{v'} が \vec{u} と反対向きのとき) \end{cases}$

が得られます.とくに $\vec{u}$ と $\vec{v}$ が直交するときが重要なので,あらためて書いておきましょう.

定理 4.2 2つのベクトル $\vec{u}$, $\vec{v}$ が直交しているとき,

(4.17) $$\vec{u}\cdot\vec{v} = 0$$

が成り立つ.

これは内積の非常に重要な性質で,広く応用されます.応用例については,次の第5章をご覧下さい.

第5章　図形とベクトル　その2

　ベクトルの内積を使うと，さらにいろいろな図形の問題を解くことができます．

問題1　2点 P, Q を通る直線 ℓ に，点 R から下ろした垂線の足を求めよ．

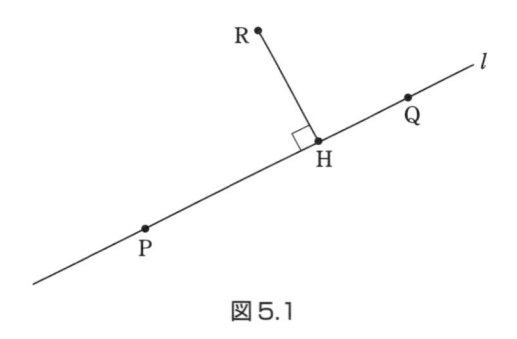

図5.1

　解答　垂線の足を H とおきましょう．H は 2 点 P, Q を通る直線 ℓ 上の点なので，H の位置ベクトルは

(5.1) $$\overrightarrow{OH} = \overrightarrow{OP} + t\overrightarrow{PQ}$$

と表されます．また線分 RH は直線 ℓ に直交するので，

(5.2) $$\overrightarrow{RH} \cdot \overrightarrow{PQ} = 0$$

が成り立ちます．(5.1) と (5.2) より，

第5章 図形とベクトル その2

$$(\overrightarrow{OH} - \overrightarrow{OR}) \cdot \overrightarrow{PQ} = 0$$
$$(\overrightarrow{OP} + t\overrightarrow{PQ} - \overrightarrow{OR}) \cdot \overrightarrow{PQ} = 0$$
$$(\overrightarrow{RP} + t\overrightarrow{PQ}) \cdot \overrightarrow{PQ} = 0$$
$$\overrightarrow{RP} \cdot \overrightarrow{PQ} + t\overrightarrow{PQ} \cdot \overrightarrow{PQ} = 0$$

となるので,

(5.3) $$t = -\frac{\overrightarrow{RP} \cdot \overrightarrow{PQ}}{|\overrightarrow{PQ}|^2}$$

となり,媒介変数 t の値が求まります.これを (5.1) に代入すれば H の位置ベクトルが決まります.

これから,H の座標を,P,Q,R の座標を用いて表すこともできます.$P(a_1, a_2)$, $Q(b_1, b_2)$, $R(c_1, c_2)$ としましょう.H の座標を (x, y) とします.

$$\overrightarrow{OP} = (a_1, a_2)$$
$$\overrightarrow{PQ} = (b_1 - a_1, b_2 - a_2)$$
$$\overrightarrow{RP} = (a_1 - c_1, a_2 - c_2)$$

となりますから,(5.1) に (5.3) の t の値を代入して,
(5.4)
$$\begin{cases} x = a_1 - \dfrac{(a_1 - c_1)(b_1 - a_1) + (a_2 - c_2)(b_2 - a_2)}{(b_1 - a_1)^2 + (b_2 - a_2)^2}(b_1 - a_1) \\ y = a_2 - \dfrac{(a_1 - c_1)(b_1 - a_1) + (a_2 - c_2)(b_2 - a_2)}{(b_1 - a_1)^2 + (b_2 - a_2)^2}(b_2 - a_2) \end{cases}$$

となり,H の座標が得られます.■

問 5.1 2点 $(1, 2)$, $(3, 1)$ を通る直線に,点 $(4, 6)$ から下ろした垂線の足を求めよ.

三角形に関する，少し応用的な問題にも取り組んでみましょう．

問題 2　△ABC において，点 A から辺 BC へ下ろした垂線の足を D，点 B から辺 CA に下ろした垂線の足を E，点 C から辺 AB に下ろした垂線の足を F とするとき，3 直線 AD，BE，CF は 1 点で交わることを示せ．

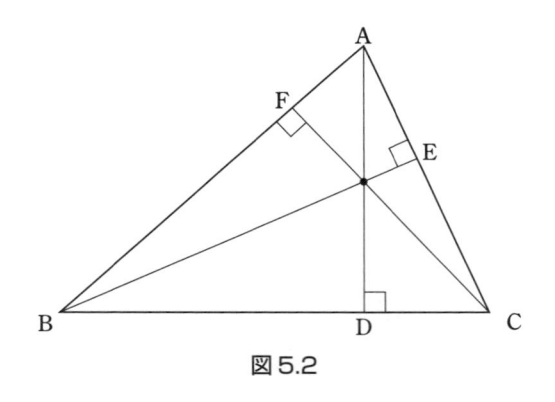

図 5.2

この 3 直線の交点のことを，△ABC の**垂心**といいます．

解答　問題 2 は垂心が存在することを示せということです．これをベクトルを用いて証明しましょう．

2 直線 BE と CF の交点を G とおきます（図 5.3）．$\overrightarrow{BG}$ は $\overrightarrow{BE}$ と同じ向きですから，$\overrightarrow{BE}$ と $\overrightarrow{CA}$ が直交しているので $\overrightarrow{BG}$ と $\overrightarrow{CA}$ も直交し，したがって

$$\overrightarrow{BG} \cdot \overrightarrow{CA} = 0$$

第5章 図形とベクトル その2

が成り立ちます。$\overrightarrow{BG} = \overrightarrow{OG} - \overrightarrow{OB}$ を代入すると，

$$(\overrightarrow{OG} - \overrightarrow{OB}) \cdot \overrightarrow{CA} = 0$$

(5.5) $$\overrightarrow{OG} \cdot \overrightarrow{CA} = \overrightarrow{OB} \cdot \overrightarrow{CA}$$

が得られます。同様に $\overrightarrow{CG}$ と $\overrightarrow{AB}$ が直交しますから，

$$\overrightarrow{CG} \cdot \overrightarrow{AB} = 0$$

$$(\overrightarrow{OG} - \overrightarrow{OC}) \cdot \overrightarrow{AB} = 0$$

(5.6) $$\overrightarrow{OG} \cdot \overrightarrow{AB} = \overrightarrow{OC} \cdot \overrightarrow{AB}$$

が得られます。

さて3直線 AD, BE, CF が1点で交わることを示すには，直線 AD が点 G を通ることを示せばよいのですが，逆に考えると直線 AG と直線 BC とが直交することを示してもよいのです。このアイデアがこの証明のポイントです。

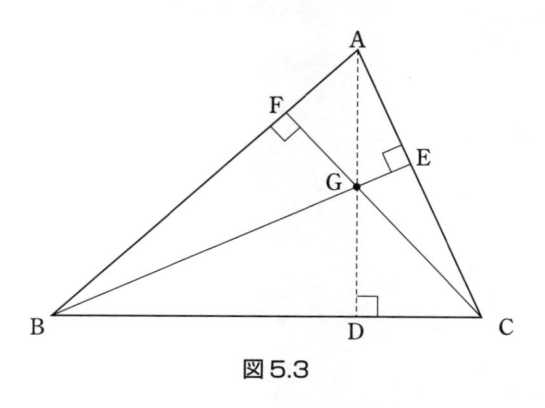

図 5.3

そこで $\overrightarrow{AG} \cdot \overrightarrow{BC}$ が 0 になることを見てみましょう。$\overrightarrow{OA} = \vec{a}$, $\overrightarrow{OB} = \vec{b}$, $\overrightarrow{OC} = \vec{c}$ とおきます。(5.5) と (5.6) を用いると，

$$\begin{aligned}
\overrightarrow{AG} \cdot \overrightarrow{BC} &= (\overrightarrow{OG} - \overrightarrow{OA}) \cdot \overrightarrow{BC} \\
&= \overrightarrow{OG} \cdot \overrightarrow{BC} - \overrightarrow{OA} \cdot \overrightarrow{BC} \\
&= \overrightarrow{OG} \cdot (\overrightarrow{BA} + \overrightarrow{AC}) - \overrightarrow{OA} \cdot \overrightarrow{BC} \\
&= -\overrightarrow{OG} \cdot \overrightarrow{AB} - \overrightarrow{OG} \cdot \overrightarrow{CA} - \overrightarrow{OA} \cdot \overrightarrow{BC} \\
&= -\overrightarrow{OC} \cdot \overrightarrow{AB} - \overrightarrow{OB} \cdot \overrightarrow{CA} - \overrightarrow{OA} \cdot \overrightarrow{BC} \\
&= -\vec{c} \cdot (\vec{b} - \vec{a}) - \vec{b} \cdot (\vec{a} - \vec{c}) - \vec{a} \cdot (\vec{c} - \vec{b}) \\
&= -\vec{c} \cdot \vec{b} + \vec{c} \cdot \vec{a} - \vec{b} \cdot \vec{a} + \vec{b} \cdot \vec{c} - \vec{a} \cdot \vec{c} + \vec{a} \cdot \vec{b} \\
&= 0
\end{aligned}$$

となって，$\overrightarrow{AG}$ と $\overrightarrow{BC}$ が直交することが示されました．これで証明が完了です．■

問題 3 △ABC において，辺 BC の垂直 2 等分線，辺 CA の垂直 2 等分線，辺 AB の垂直 2 等分線の 3 直線が 1 点で交わることを示せ．

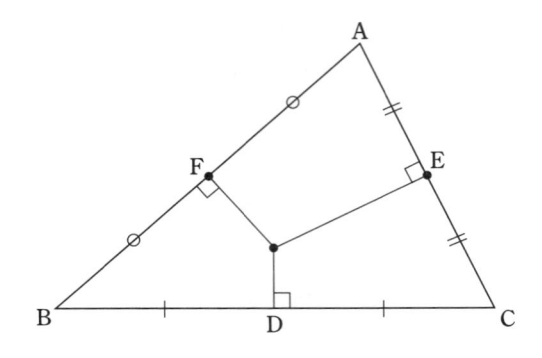

図 5.4

第5章 図形とベクトル その2

 この3直線の交点のことを，△ABCの**外心**といいます．外心から3頂点 A，B，C までの距離は等しくなり，したがって外心を中心とする3点 A，B，C を通る円が描けます．これを△ABC の**外接円**といいます．これらの事柄は，外心の存在を証明したあと，問いとして皆さんに考えていただきましょう．

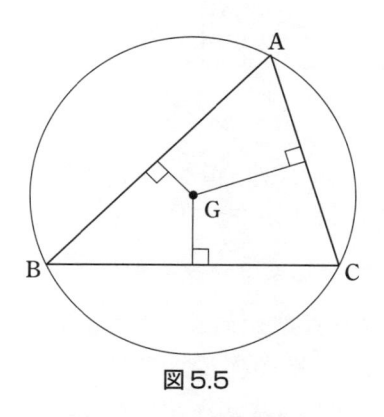

図 5.5

 解答 それでは外心の存在の証明にかかります．辺 BC の中点を D，辺 CA の中点を E，辺 AB の中点を F とおき，また辺 BC の垂直2等分線と辺 AB の垂直2等分線との交点を G とおきます．

図5.6

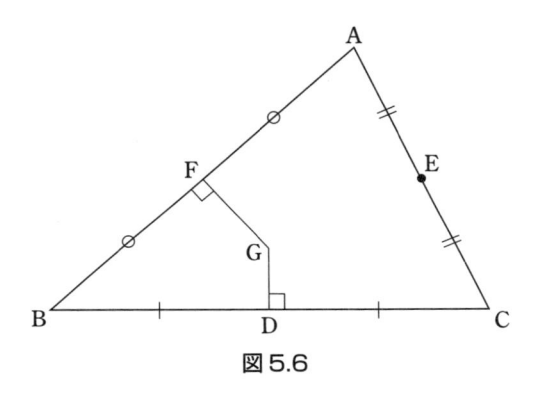

問題 2 と同様に $\overrightarrow{OA} = \vec{a}$, $\overrightarrow{OB} = \vec{b}$, $\overrightarrow{OC} = \vec{c}$ とおくと，中点をベクトルで表すことができるので，

$$\overrightarrow{OD} = \frac{1}{2}(\vec{b}+\vec{c}), \ \overrightarrow{OE} = \frac{1}{2}(\vec{c}+\vec{a}), \ \overrightarrow{OF} = \frac{1}{2}(\vec{a}+\vec{b})$$

となります．また $\overrightarrow{DG}$ と $\overrightarrow{BC}$ が直交することから，

$$\begin{aligned}
0 &= \overrightarrow{DG} \cdot \overrightarrow{BC} \\
&= (\overrightarrow{OG} - \overrightarrow{OD}) \cdot \overrightarrow{BC} \\
&= \left(\overrightarrow{OG} - \frac{1}{2}(\vec{b}+\vec{c})\right) \cdot (\vec{c} - \vec{b})
\end{aligned}$$

が成り立ちます．これより

$$
\begin{aligned}
(\vec{c} - \vec{b}) \cdot \overrightarrow{OG} &= \frac{1}{2}(\vec{b}+\vec{c}) \cdot (\vec{c}-\vec{b}) \\
&= \frac{1}{2}(|\vec{c}|^2 - |\vec{b}|^2)
\end{aligned}
\tag{5.7}
$$

が得られます．同様に $\overrightarrow{FG}$ と $\overrightarrow{AB}$ が直交するので，

$$\overrightarrow{FG} \cdot \overrightarrow{AB} = 0$$

より

第 5 章 図形とベクトル その 2

$$\left(\overrightarrow{OG} - \frac{1}{2}(\vec{a}+\vec{b})\right) \cdot (\vec{b}-\vec{a}) = 0$$

が得られ，これを整理して

(5.8) $$(\vec{b}-\vec{a}) \cdot \overrightarrow{OG} = \frac{1}{2}(|\vec{b}|^2 - |\vec{a}|^2)$$

が得られます．(5.7) と (5.8) を辺々加えると，

(5.9) $$(\vec{c}-\vec{a}) \cdot \overrightarrow{OG} = \frac{1}{2}(|\vec{c}|^2 - |\vec{a}|^2)$$

が得られます．この右辺は，

$$\frac{1}{2}(|\vec{c}|^2 - |\vec{a}|^2) = \frac{1}{2}(\vec{c}-\vec{a}) \cdot (\vec{c}+\vec{a})$$

と「因数分解」することができますので，これを (5.9) に戻すと

(5.10) $$(\vec{c}-\vec{a}) \cdot \left(\overrightarrow{OG} - \frac{1}{2}(\vec{c}+\vec{a})\right) = 0$$

が得られます．

$$\overrightarrow{OG} - \frac{1}{2}(\vec{c}+\vec{a}) = \overrightarrow{OG} - \overrightarrow{OE} = \overrightarrow{EG}$$

ですから，(5.10) は $\overrightarrow{EG}$ と $\overrightarrow{AC}$ が直交していることを表しており，E は辺 CA の中点でしたから EG が CA の垂直 2 等分線であることになります．つまり CA の垂直 2 等分線も G を通るので，3 本の垂直 2 等分線が 1 点で交わることが証明できました．■

問 5.2 △ABC の外心は，外接円の中心となることを示せ．

問 5.3 3 点 $(3, -1)$，$(-3, 4)$，$(-1, -1)$ を通る円の中心と半

径を求めよ.

 第3章で三角形の重心を紹介しました（問題4）. またこの章では，三角形には垂心と外心があることも学びました. 三角形にはこのほかに内心というものがあります.
 △ABCにおいて，3つの内角の2等分線は，ただ1点で交わることが証明できます. この交点を△ABCの**内心**といいます. 内心を中心として，三角形の内部に3つの辺に接する円を描くことができます. この円のことを**内接円**と呼びます. すなわち内心は内接円の中心となります.

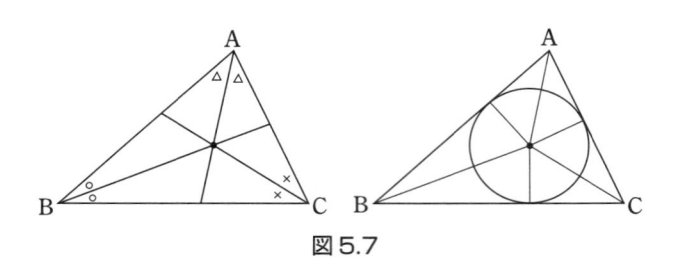

図5.7

 内心の存在，すなわち3つの内角の2等分線がただ1点で交わることを，重心・垂心・外心についてやってきたのと同じようにベクトルを用いて証明しようと考えたのですが，本書を執筆している時点では証明を思いつきませんでした. もちろんベクトルを使わない証明はあるのですが，ベクトルを用いて，ベクトルらしさを生かした証明ができると面白いと思います. そこで以下に2つの問いを設けることにします.

問 5.4 には解答をつけますが，問 5.5 の方は私も解答を知りませんので，挑戦問題として取り組んでみて下さい．

問 5.4 三角形には内心が存在することを示せ．また内心が内接円の中心となることを示せ．

問 5.5 （**挑戦問題**）三角形の内心の存在を，ベクトルを用いて証明せよ．

第6章 ベクトルの分解

第4章でベクトル (a_1, a_2) の回転を計算するとき,
$$(a_1, a_2) = a_1(1, 0) + a_2(0, 1)$$
という形に分解し, $(1, 0)$, $(0, 1)$ という回転が計算しやすいベクトルに帰着させることができました. このように, ベクトルを都合の良いベクトルたちのスカラー倍の和の形に分解するというのは重要な考え方です. この章ではこの考え方を身につけましょう.

ベクトルを分解するときには, $(1, 0)$ と $(0, 1)$ のように「もと」となるベクトルを1組用意します. そこでまず, どのようなベクトルの組が「もと」となれるかを考えましょう. 1組のベクトル $\vec{u}$, $\vec{v}$ をもってきます. どのようなベクトル $\vec{w}$ も, スカラー a, b を用いて

(6.1) $$\vec{w} = a\vec{u} + b\vec{v}$$

という形に表されるためには, $\vec{u}$, $\vec{v}$ はどのような条件を満たさなくてはならないでしょうか.

まず, $\vec{u}$, $\vec{v}$ のどちらかがゼロベクトル $\vec{0}$ の場合はうまくいきません. たとえば $\vec{v} = \vec{0}$ とすると, スカラー a, b をどんなに選んでも
$$a\vec{u} + b\vec{v} = a\vec{u} + b\vec{0} = a\vec{u}$$
なので, $\vec{u}$ と同じ向きか反対向きのベクトルしか表すことが

第6章 ベクトルの分解

できないからです．また，$\vec{u}$, $\vec{v}$ が両方とも $\vec{0}$ と異なるときでも，それらが同じ向きあるいは反対向きの場合には，$a\vec{u}+b\vec{v}$ もその向きのベクトルにしかなりませんから，この場合もだめです．

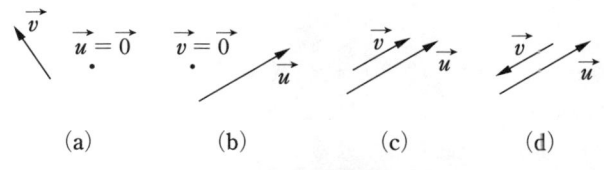

(a)　　　　(b)　　　　(c)　　　　(d)

図6.1　線形従属なベクトル

いま挙げただめな場合は，

$$a\vec{u}+b\vec{v}=\vec{0} \tag{6.2}$$

となるスカラーで $a=0$, $b=0$ 以外のものが存在する場合，ということでまとめることができます．実際，もし $\vec{u}=\vec{0}$ なら，$a\neq 0$, $b=0$ について (6.2) が成り立ちます．$\vec{v}=\vec{0}$ なら，$a=0$, $b\neq 0$ について (6.2) が成り立ちます．また $\vec{u}\neq\vec{0}$, $\vec{v}\neq\vec{0}$ で，この2つが同じ向きであれば，$a=|\vec{v}|$, $b=-|\vec{u}|$ とすれば (6.2) が成り立ちますし，反対向きであれば $a=|\vec{v}|$, $b=|\vec{u}|$ とすれば (6.2) が成り立ちます．

このとらえ方はとても重要なので，定義にしてことばを与えましょう．

定義 6.1　2つのベクトル $\vec{u}$, $\vec{v}$ について，(6.2) を成り立たせるようなスカラーの組 (a,b) で $a=0$, $b=0$ 以外のものが存在するとき，$\vec{u}$, $\vec{v}$ は**線形従属**であるという．

線形従属のことを，**1次従属**ともいいます．

線形従属でなければ，ベクトルを分解するときの「もと」になれる，ということをこれから示したいと思います．そこでまず「線形従属でない」ということにもことばを与えましょう．

定義 6.2 2つのベクトル $\vec{u}$, $\vec{v}$ が線形従属でないとき，$\vec{u}$, $\vec{v}$ は**線形独立**であるという．言い換えると，$\vec{u}$, $\vec{v}$ が線形独立とは，(6.2) を成り立たせるようなスカラーの組 (a, b) が，$a = 0$, $b = 0$ しかないという場合である．

線形独立のことを，**1次独立**ともいいます．線形独立な $\vec{u}$ と $\vec{v}$ は，定義 6.1 の状態にはなっていないので，ともに $\vec{0}$ ではなく，また同じ向きにも反対向きにもなっていません．つまり線分としての向きがそろっていないのが，線形独立なベクトルです．

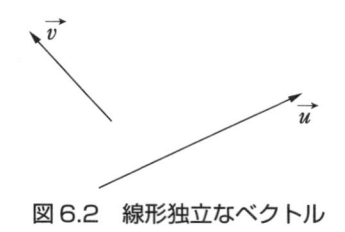

図 6.2 線形独立なベクトル

2つのベクトルが線形独立になっていることを判定するための，便利な方法があります．

定理 6.1 2つのベクトル $\vec{u} = (u_1, u_2)$, $\vec{v} = (v_1, v_2)$ が線形

第6章 ベクトルの分解

独立であるための必要十分条件は，

(6.3) $$u_1 v_2 - u_2 v_1 \neq 0$$

が成り立つことである．

証明 まず $\vec{u}, \vec{v}$ が線形独立と仮定しましょう．このとき，もし $u_1 v_2 - u_2 v_1 = 0$ となったとします．すると $a = v_2$, $b = -u_2$ とすることにより (6.2) が成り立ちます．実際計算してみると，

$$v_2 \vec{u} - u_2 \vec{v} = v_2(u_1, u_2) - u_2(v_1, v_2)$$
$$= (u_1 v_2 - u_2 v_1, u_2 v_2 - u_2 v_2) = (0, 0)$$

となります．だからもし u_2, v_2 の少なくともどちらか一方が 0 でなければ，$\vec{u}, \vec{v}$ は線形従属ということになり，仮定に反します．もし $u_2 = v_2 = 0$ のときは，$\vec{u}$ も $\vec{v}$ も $\vec{0}$ とは異なるので $u_1 \neq 0$, $v_1 \neq 0$ で，このときは

$$v_1 \vec{u} - u_1 \vec{v} = v_1(u_1, 0) - u_1(v_1, 0) = (0, 0)$$

となり，やはり $\vec{u}, \vec{v}$ は線形従属になり，仮定に反します．したがって $u_1 v_2 - u_2 v_1 = 0$ ということはあり得ないので，(6.3) が成り立ちます．

次に，(6.3) が成り立っていると仮定しましょう．このときある a, b について (6.2) が成り立つとします．すると

$$a(u_1, u_2) + b(v_1, v_2) = (0, 0)$$

となるので，

$$\begin{cases} a u_1 + b v_1 = 0 & \cdots ① \\ a u_2 + b v_2 = 0 & \cdots ② \end{cases}$$

という a, b についての連立 1 次方程式が得られます．

① $\times v_2 -$ ② $\times v_1$ を計算すると,
$$a(u_1v_2 - u_2v_1) = 0$$
となり,仮定 (6.3) から $a = 0$ となることがわかります.同様に $b = 0$ も得られるので,$\vec{u}, \vec{v}$ は線形独立となります.∎

さて我々が示したいのは次の定理です.

定理 6.2 2 つのベクトル $\vec{u}, \vec{v}$ が線形独立なら,任意のベクトル $\vec{w}$ に対して,

(6.4) $$\vec{w} = a\vec{u} + b\vec{v}$$

となるようなスカラーの組 (a, b) が存在し,しかもその値は 1 通りに限る.

証明 まず,図形的に考えてみましょう.2 つのベクトル $\vec{u}, \vec{v}$ が線形独立ですから,図 6.2 のように線分としての向きがそろっていません.あらためてそのような状態を図示しておきましょう.

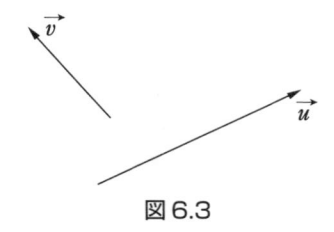

図 6.3

さて勝手なベクトル $\vec{w}$ をもってきます.もし $\vec{w} = \vec{0}$ なら,$a = b = 0$ とすることで (6.4) が成立しますから,この場合は

第6章 ベクトルの分解

証明がすみました．また $\vec{w}$ が $\vec{u}$ と同じ向き，あるいは反対向きのときには，$\vec{w}$ は $\vec{u}$ のスカラー倍 $\vec{w} = c\vec{u}$ となりますので，$a = c$, $b = 0$ として (6.4) が成り立ちます．$\vec{w}$ が $\vec{v}$ と同じ向き，あるいは反対向きのときにも同様です．

そこで $\vec{w} \neq \vec{0}$ で，かつ $\vec{w}$ は $\vec{u}$ や $\vec{v}$ と同じ向きにも反対向きにもなっていない場合を考えます．$\vec{u}, \vec{v}, \vec{w}$ の始点を合わせます．この共通の始点を P としましょう．そして $\vec{w}$ の終点……$\vec{v}$ に平行な直線を引きます．さらに……の載っている直線も描き加えましょ……

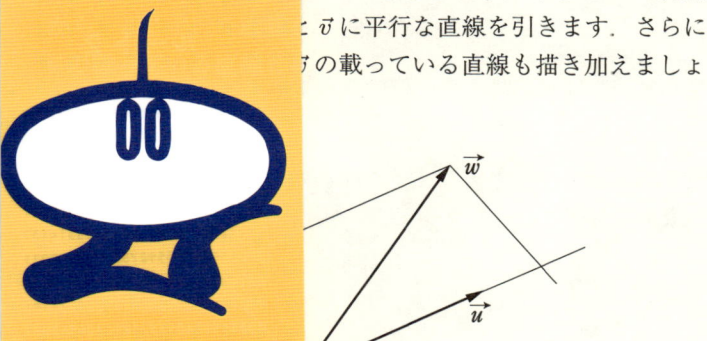

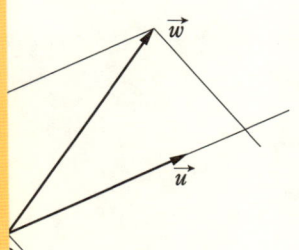

図 6.4

……に $\vec{w}$ を対角線とする平行四辺形が 1……辺形の P 以外の頂点で，$\vec{u}$ の載って……A, $\vec{v}$ の載っている直線上にあるも……ているものを C とおきましょう．

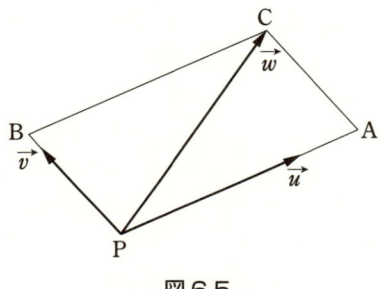

図6.5

すると $\overrightarrow{PA}$ は $\vec{u}$ のスカラー倍になります.すなわち

$$\overrightarrow{PA} = a\vec{u}$$

となるスカラー a がとれます.同様に $\overrightarrow{PB}$ は $\vec{v}$ のスカラー倍になりますから,

$$\overrightarrow{PB} = b\vec{v}$$

となるスカラー b がとれます.このとき

$$\vec{w} = \overrightarrow{PC} = \overrightarrow{PA} + \overrightarrow{PB} = a\vec{u} + b\vec{v}$$

となるので,(6.4) を示すことができました.

次に,この定理を式で証明してみましょう.$\vec{u}$, $\vec{v}$, $\vec{w}$ を数ベクトルで表します.

$$\vec{u} = (u_1, u_2), \quad \vec{v} = (v_1, v_2), \quad \vec{w} = (w_1, w_2)$$

とおきます.すると問題は,

$$(w_1, w_2) = a(u_1, u_2) + b(v_1, v_2)$$

となるような a, b が取れるか,ということになります.この式を成分ごとに書くと,

第6章 ベクトルの分解

$$\begin{cases} au_1 + bv_1 = w_1 & \cdots ① \\ au_2 + bv_2 = w_2 & \cdots ② \end{cases}$$

となり,これは a, b を未知数とする連立1次方程式と見ることができます. $① \times v_2 - ② \times v_1$ を計算すると

$$a(u_1 v_2 - u_2 v_1) = w_1 v_2 - w_2 v_1$$

となります. $\vec{u}, \vec{v}$ は線形独立だったので,定理 6.1 より $u_1 v_2 - u_2 v_1 \neq 0$ であることがわかり,したがって

$$a = \frac{w_1 v_2 - w_2 v_1}{u_1 v_2 - u_2 v_1}$$

となります. 同様に

$$b = \frac{w_1 u_2 - w_2 u_1}{v_1 u_2 - v_2 u_1}$$

も得られるので,こうして (a, b) がただ1通りに決まることが示されました. ∎

(6.4) の右辺にある $a\vec{u} + b\vec{v}$ のことを,$\vec{u}$ と $\vec{v}$ の**線形結合**(または **1次結合**)といいます. そして (6.4) のように,ベクトル($\vec{w}$ のことです)をあらかじめ与えられていたベクトル $\vec{u}, \vec{v}$ の線形結合で表すことを,ベクトルの**分解**といいます.

例題 6.1 $\vec{u} = (1, 0)$, $\vec{v} = (1, 1)$ とするとき,ベクトル $(5, 7)$ を $\vec{u}$ と $\vec{v}$ の線形結合で表せ.

解 $a\vec{u} + b\vec{v} = (5, 7)$ となるスカラー a, b を求める問題です. 数ベクトルで表すと

$$a(1, 0) + b(1, 1) = (5, 7)$$

95

だから，これは a, b についての連立 1 次方程式

$$\begin{cases} a+b = 5 \\ b = 7 \end{cases}$$

となります．これを解いて $a = -2$, $b = 7$ が得られるので，

$$(5, 7) = -2\vec{u} + 7\vec{v}$$

と分解できました．■

問 6.1 $\vec{u} = (-1, 1)$, $\vec{v} = (2, 1)$ とするとき，次の 5 つのベクトルをそれぞれ $\vec{u}$ と $\vec{v}$ の線形結合で表せ．

$$(1, 0), \ (0, 2), \ (3, 5), \ (1, -1), \ (6, -1)$$

ベクトルの分解は，ベクトルの理論の中で最も重要な考え方の 1 つです．その理由を説明しましょう．

自然界にはいろいろな力がありますが，最も身近な，ものを押すときの力について考えてみます．机の上の消しゴムを押して動かす，あるいは机の上の百科事典のような重い本を押して動かす，という場合を考えてみると，消しゴムのときは小さな力で動くけれど，百科事典のときは大きな力が必要になります．このように力には大小（強弱）があることを我々は経験上知っています．

第6章　ベクトルの分解

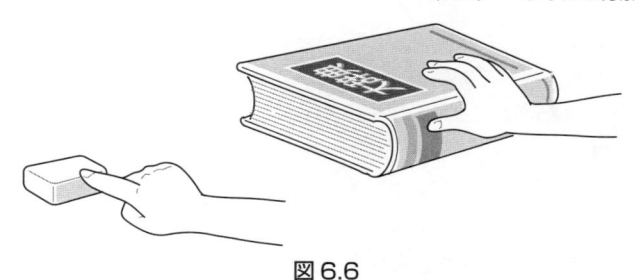

図6.6

また消しゴムや百科事典は押されたことによって移動しますが，その移動する方向は力を加えた方向になっています．このように力には向きも備わっています．

すると力は大きさと向きを持つ量となるので，ちょうどベクトルで表すことができます．しかしもっと大事なことは，2つの力を同時に加えた場合の合計の力は，その大きさ・向きともに，それぞれの力を表すベクトルの和で与えられる，という点です．これは定理ではなく，我々の住んでいる自然界における力がそうなっている，という事実です．

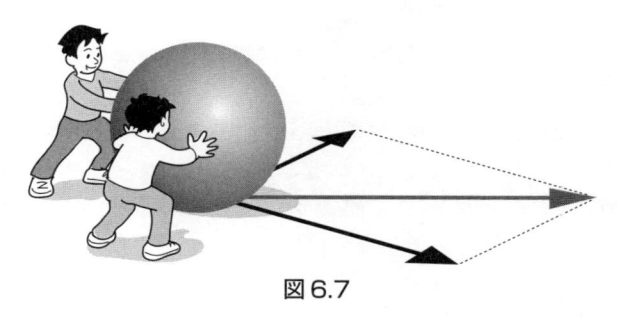

図6.7

力をベクトルで表しておけば，ベクトルの和の計算によっ

て，複数の力を同時に加えた結果がどのような力になるのかが完全にわかるのです．またこれを逆に見ると，ベクトルの分解によって，1つの力をいくつかの力に分解することができます．

たとえば上り坂の途中にある物体に水平に力を加えたとしましょう．このときすべての力が物体を動かすのに使われるのではなく，その坂道の方向を向いている力の成分だけが使われます．

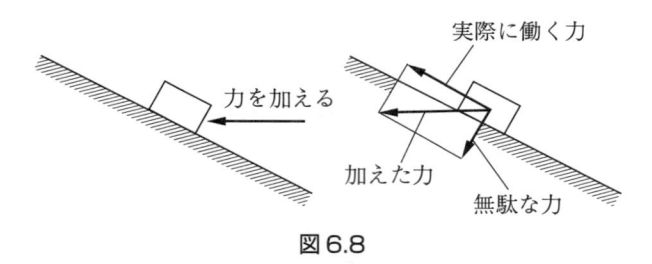

図6.8

このときの成分は，力を，坂道に平行な方向と垂直な方向とにベクトルとして分解することにより得られるのです．坂道に垂直な成分は，物体を動かすには無駄な力であることになります．

ものを押す力だけではなく，引力，電磁気力など自然界の力はすべてベクトルで表されることが知られています．というわけで，ベクトルの和，スカラー倍や分解という考え方は，自然界の力を調べるのに非常に重要なものなのです．

《ガリレオと振り子の等時性》

ガリレオ・ガリレイ（1564-1642）は16～17世紀に活躍し

第6章 ベクトルの分解

た科学者で、人類の歴史の中でも最高の知性の一人と言える人です。ガリレオは実に様々な発見を行い、近代科学の礎を築きました。彼が行ったことを挙げてみると、

- 振り子の等時性を発見した
- 自由落下の法則を発見した（ピサの斜塔の実験）
- 天体望遠鏡を作り、木星の衛星や土星の輪を発見した
- 地動説を唱え、宗教裁判にあって異端の疑いで幽閉された（「それでも地球は回っている」）
- 多くの書物を著し、科学の啓蒙に努めた

ここでは振り子の等時性の話をしましょう。これはガリレオの若い頃の発見です。彼は教会のシャンデリアが揺れるのを見ているうちに、揺れ幅が長いときも短いときも、揺れてもとに戻るまでにかかる時間が同じであることに気づいたのです。当時は腕時計などももちろんありませんから、彼は自分の脈拍で時間を計ったといわれています。

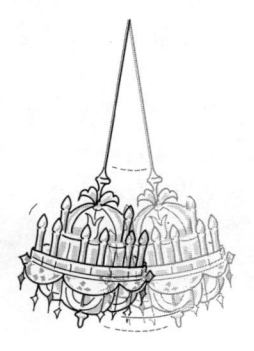

図6.9

これが振り子の等時性です．振り子はつるされた紐の先におもりをつけたもので，おもりが往復運動をします．おもりの一往復にかかる時間を周期といいます．ガリレオの発見は，同じ振り子であれば，大きく振れているときの周期も小さく振れているときの周期も同じである，という内容になります．

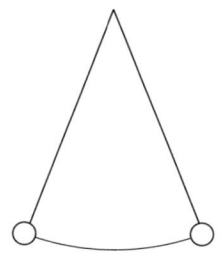

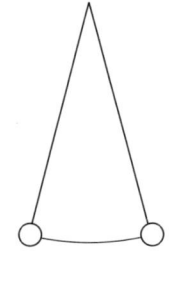

図6.10

素朴に考えると，大きく振れているときの方が一往復にかかる時間が長くなるような気がしますが，振れ幅が大きいときにはおもりの移動のスピードが速くて，結果として周期は同じということになるのです．

　この発見はその応用の面で非常に重要な意味をもちました．ガリレオの時代は，ヨーロッパ諸国が競って大航海を行っていた時代です．大航海では，見渡す限り海ばかりという状態の中でいま自分の船がどこにいるのかを知らなくてはなりません．方角は夜空の星を見ればわかるけれど，出発してからどれくらいの距離を進んだのかを知るためには，時計が必要になります．次の図を見て下さい．

第 6 章　ベクトルの分解

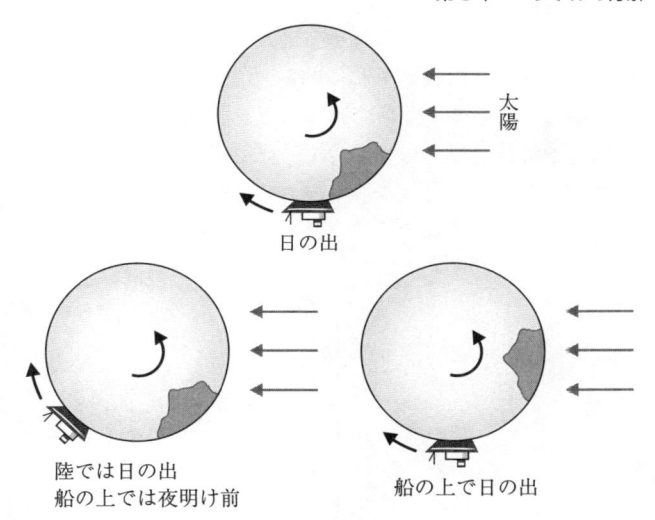

図 6.11

たとえば船がどんどん西に進んでいるとしましょう．すると進むにつれて日の出の時刻は遅くなります．ということは，船の上で日の出の時刻がわかれば進んだ距離もわかることになります．だから出港時から絶え間なく時を刻み続ける時計があれば，船の位置を知ることができるのです．そこで振り子に等時性があれば，船の揺れで振り子の振れ幅が大きくなったり小さくなったりしても常に一定の周期を保つので，その回数を数えて時間の経過を知ることができます．つまり振り子時計が作れるのです．というわけで，振り子時計の作製には大きな懸賞金がかけられていたそうです．

ガリレオは等時性の発見の後，振り子時計の作製に力を注いだようで，そのせいか等時性という現象がなぜ起こるのか，

ということはあまり追究しなかったのかもしれません．そこで我々がガリレオの代わりに，等時性を引き起こす原因を考えてみることにしましょう．つまり，どうして大きく振れている振り子は速く動くのか，という理由を考えます．その考察では，ベクトルの分解を使います．

振り子が一番振れたときの角度を θ とします．

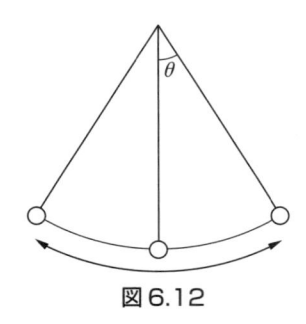

図6.12

この振り子を動かすのはおもりにかかる重力です．重力は垂直方向に働きますが，おもりは紐でつるされているため真下に落ちることはできず，斜めの方向に動きます．そこでおもりの動く方向とそれと直交する方向に，重力を分解してみましょう．

第6章　ベクトルの分解

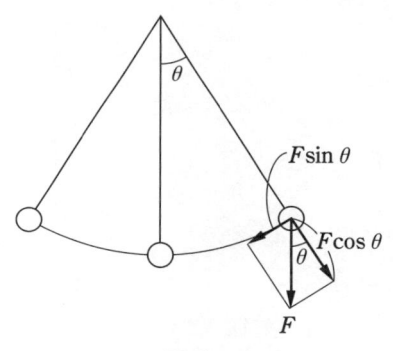

図6.13

　重力を表すベクトルの長さ（それは重力の大きさを表しています）を F とすると，おもりの移動方向のベクトルの長さは図 6.13 からわかるように $F\sin\theta$ となります．またこれと垂直方向のベクトルの長さは $F\cos\theta$ となりますが，この力はおもりの運動には寄与しません．

　さて，大きな振れの角度 θ_1 の振り子 A と，小さな振れの角度 θ_2 の振り子 B を考えましょう．それぞれのおもりにかかる重力の大きさは同じ F ですが，おもりの移動に寄与する力は，A で $F\sin\theta_1$，B で $F\sin\theta_2$ となります．

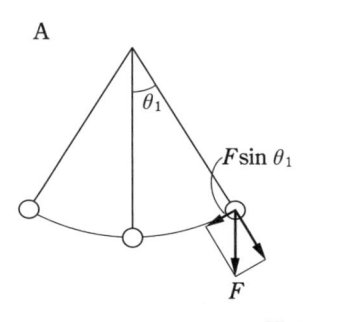

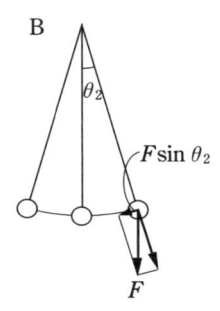

図6.14

すると $\theta_1 > \theta_2$ により

$$F\sin\theta_1 > F\sin\theta_2$$

となり，振れ幅の大きな振り子 A の方が大きな力で動かされることになります．したがってその運動のスピードも速くなります．これは，急な斜面の方が緩やかな斜面より，ものが滑り落ちるスピードが速いということに相当します．

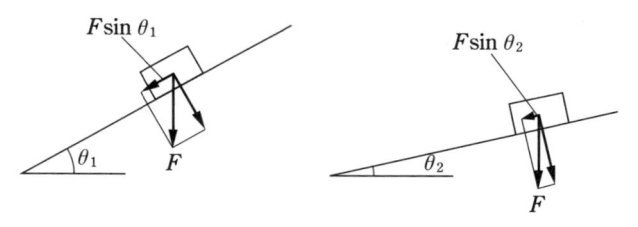

図6.15

そしてその結果，一往復にかかる時間が（移動距離は長いけれども）短くなって，振り子Bと同じ周期が実現されるのです．

もちろんこの考察は，周期が等しくなることの証明にはなっておらず，その原因を見つけだしただけです．周期が等しくなることを証明するには，ガリレオの次の世代のニュートン（1642-1727）の発見した運動法則が必要となります．本書ではそこまで説明できませんが，そのニュートンの法則を適用するときにも，やはりベクトルの分解が本質的な役割を果たすことになります．

第7章　空間ベクトル

ベクトルを xyz 空間内で考えることもできます．xyz 空間内の矢印がベクトルで，それを平行移動したものも同じベクトルと考えます．今まで扱ってきたベクトルとは，矢印が xy 平面内にあるか xyz 空間内にあるかの違いだけなので，ほとんどの事柄は空間内のベクトルでもそのまま成り立ちます．区別するため，xy 平面内のベクトルを**平面ベクトル**，xyz 空間内のベクトルを**空間ベクトル**と呼ぶことにします．

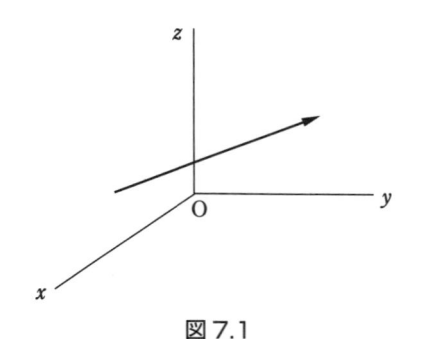

図7.1

空間ベクトルの和とスカラー倍は，平面ベクトルの場合と同様に定義します．すなわち，2つの空間ベクトル $\vec{u}$, $\vec{v}$ に対し，その和 $\vec{u}+\vec{v}$ を，$\vec{v}$ の始点を $\vec{u}$ の終点の位置に来るよう平行移動したときに，始点が $\vec{u}$ の始点，終点が $\vec{v}$ の終点となるようなベクトルとして定義します．また空間ベクトル $\vec{u}$ とスカラー a に対し，スカラー倍 $a\vec{u}$ を，$a>0$ のときは $\vec{u}$ の長

さを a 倍にしたベクトル，$a < 0$ のときは $\vec{u}$ と反対向きで長さを $|a|$ 倍にしたベクトル，$a = 0$ のときは始点と終点が一致したベクトル，つまりゼロベクトル $\vec{0}$ と定義します．

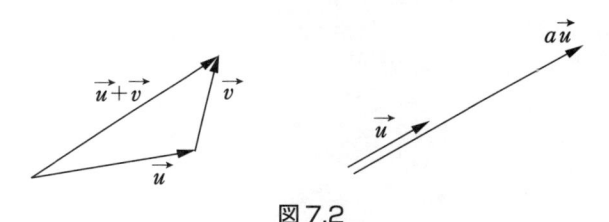

図7.2

これらの定義に関して，平面ベクトルのときに成り立っていた公式

(7.1)
$$\vec{u} + \vec{v} = \vec{v} + \vec{u}$$
$$a\vec{u} + b\vec{v} = (a+b)\vec{u}$$
$$a(b\vec{u}) = (ab)\vec{u}$$

などが同様に成り立ちます．

空間ベクトル $\vec{u}$ の始点を P，終点を Q としたとき，

$$\vec{u} = \overrightarrow{PQ}$$

と表します．$\vec{u}$ の始点を xyz 空間の原点 O の位置にくるように平行移動したとき，終点になる点を R とし，R の座標を (a, b, c) とします．このとき $\vec{u}$ は R によって完全に決まるので，$\vec{u}$ を R の座標を用いて

$$\vec{u} = (a, b, c)$$

というように表します．このように3つの数の組で表されたベクトルを**数ベクトル**といい，a を $\vec{u}$ の x 成分，b を y 成分，c を z 成分といいます．ゼロベクトルを数ベクトルとして表

せば,
$$\vec{0} = (0,0,0)$$
となります．なお平面ベクトルのときと同様に，xyz 空間の点 R に対し，原点 O を始点とするベクトル $\overrightarrow{OR}$ のことを R の**位置ベクトル**といいます．

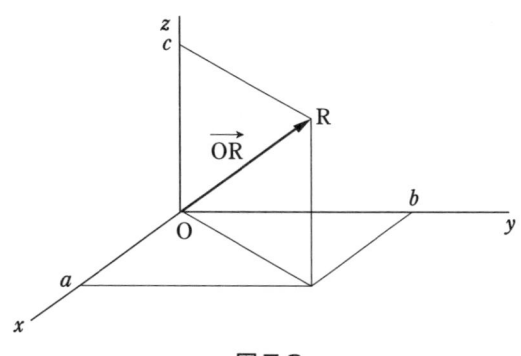

図 7.3

(7.1) で導入した和，スカラー倍などを数ベクトルとして表しましょう．和については

(7.2) $(a_1, a_2, a_3) + (b_1, b_2, b_3) = (a_1 + b_1, a_2 + b_2, a_3 + b_3)$

となります．スカラー倍については

(7.3) $\qquad\qquad d(a, b, c) = (da, db, dc)$

となります．また空間の 2 点 $P(a_1, a_2, a_3)$, $Q(b_1, b_2, b_3)$ に対して，

(7.4) $\qquad \overrightarrow{PQ} = (b_1 - a_1, b_2 - a_2, b_3 - a_3)$

となります．

第7章 空間ベクトル

《空間ベクトルの内積》

空間ベクトルに対しても内積が定義されます．第4章にならって定義していきましょう．定義は簡単で，2つの空間ベクトル $\vec{u} = (a_1, a_2, a_3)$，$\vec{v} = (b_1, b_2, b_3)$ に対して，$\vec{u}$ と $\vec{v}$ の内積 $\vec{u} \cdot \vec{v}$ を

(7.5) $$\vec{u} \cdot \vec{v} = a_1 b_1 + a_2 b_2 + a_3 b_3$$

と定めます．こう定義すると，第4章と同様に，

(7.6)
$$\vec{u} \cdot \vec{v} = \vec{v} \cdot \vec{u}$$
$$(\vec{u} + \vec{v}) \cdot \vec{w} = \vec{u} \cdot \vec{w} + \vec{v} \cdot \vec{w}$$
$$\vec{u} \cdot (\vec{v} + \vec{w}) = \vec{u} \cdot \vec{v} + \vec{u} \cdot \vec{w}$$
$$(c\vec{u}) \cdot \vec{v} = c(\vec{u} \cdot \vec{v})$$
$$\vec{u} \cdot (c\vec{v}) = c(\vec{u} \cdot \vec{v})$$
$$\vec{0} \cdot \vec{u} = \vec{u} \cdot \vec{0} = 0$$

が成り立つことがわかります．また $\vec{u} = (a_1, a_2, a_3)$ とするとき，$\vec{u}$ の長さ $|\vec{u}|$ は原点と点 (a_1, a_2, a_3) との距離なので，

(7.7) $$|\vec{u}| = \sqrt{a_1{}^2 + a_2{}^2 + a_3{}^2}$$

となります．これより，

(7.8) $$\vec{u} \cdot \vec{u} = |\vec{u}|^2$$

が成り立つことがわかります．

ここまでのところは，平面ベクトルの場合とほぼ同様なのでわかりやすいと思います．空間ベクトルの難しさは，ベクトルが3次元空間の中にあるため，図形として取り扱うときに空間的な感覚が必要となる点にあるでしょう．これから，平面ベクトルの内積と同様に，空間ベクトルの内積も回転に関して不変であることを述べていこうと思いますが，空間に

おける回転というのが把握しにくいので，まずその説明をしましょう．

xyz 空間の原点を中心とする球を考えます．この球を中心を通る平面で切ると，その切り口は円になります．この円は，球を（傾いた）地球と考えたときの赤道と見なすことができます．この赤道に沿って球をある角度だけ回転させます．これが空間における回転です．別な言い方をすると，原点を通って赤道面（はじめにもってきた平面）に垂直な直線を回転軸として，ある角度回転させるということです．

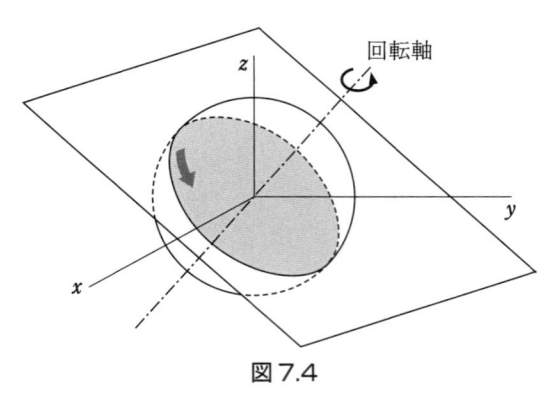

図7.4

このように空間における回転を決めるには，赤道（回転軸）と回す角度という2つを選ぶ必要があります．回転軸の選び方の分だけ，平面における回転より自由度が高くなっています．

ベクトル $\vec{u}$ を考えます．$\vec{u}$ の始点を原点 O にもってきて，O を始点とする $\vec{u}$ の向きの半直線を考えると，その半直線は上で考えた球と1点で交わります．その交点を P としましょ

う．先のような空間の回転を行うと，球面上の点 P は別な点 P′ に移動します．このとき，$\overrightarrow{OP'}$ の向きで $\vec{u}$ の長さを持つベクトル $\vec{u'}$ ができます．この $\vec{u'}$ を，$\vec{u}$ の回転の結果と定めます．

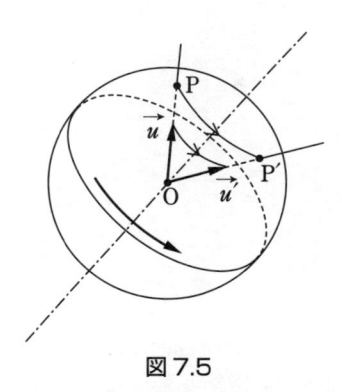

図 7.5

さて，これで内積の回転不変性という重要な性質を述べることができます．

定理 7.1 2 つの空間ベクトル $\vec{u}, \vec{v}$ に対して，同じ回転をほどこしたものをそれぞれ $\vec{u'}, \vec{v'}$ とすると，

$$(7.9) \qquad \vec{u} \cdot \vec{v} = \vec{u'} \cdot \vec{v'}$$

が成り立つ．すなわち空間ベクトルの内積は回転に関して不変である．

証明 まず特別な回転について，定理を証明します．

はじめに，z 軸を回転軸とする角度 θ の回転を考えます．これは赤道が xy 平面上にある場合で，xy 平面においてはふ

つうの回転となります．

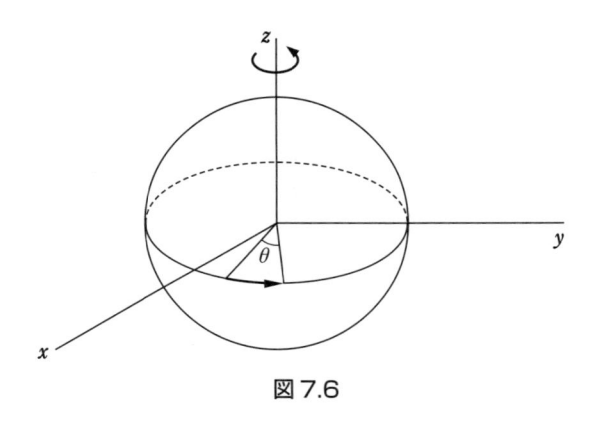

図 7.6

2つのベクトル $\vec{u} = (a_1, a_2, a_3)$, $\vec{v} = (b_1, b_2, b_3)$ に対し，それぞれの xy 平面への射影を考えます．射影は xy 平面に載っている平面ベクトルとなるので，それらを $\vec{u}_1$, $\vec{v}_1$ とおくと

$$\vec{u}_1 = (a_1, a_2), \ \vec{v}_1 = (b_1, b_2)$$

となります．

第 7 章 空間ベクトル

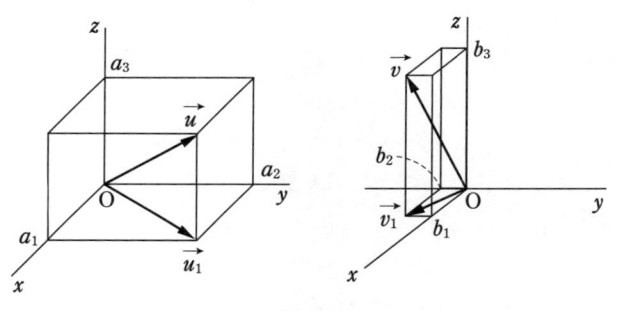

図 7.7

さて z 軸を回転軸とする角度 θ の回転を行い，$\vec{u}$, $\vec{v}$ がそれぞれ $\vec{u'}$, $\vec{v'}$ になったとします．$\vec{u'}$, $\vec{v'}$ の xy 平面への射影を $\vec{u_1'}$, $\vec{v_1'}$ とすると，$\vec{u_1'}$, $\vec{v_1'}$ は $\vec{u_1}$, $\vec{v_1}$ を平面ベクトルとして角度 θ 回転したものとなります．

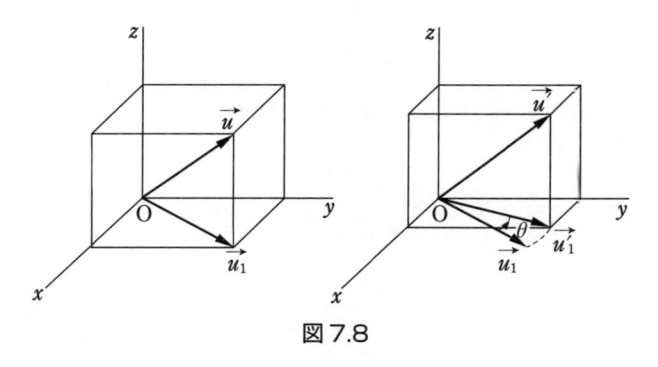

図 7.8

平面ベクトルの回転は第 4 章の (4.11) で計算していて，

$$\vec{u_1'} = (a_1 \cos\theta - a_2 \sin\theta, a_1 \sin\theta + a_2 \cos\theta)$$
$$\vec{v_1'} = (b_1 \cos\theta - b_2 \sin\theta, b_1 \sin\theta + b_2 \cos\theta)$$

となります.また $\vec{u}, \vec{v}$ の z 成分はこの回転によって変わらないので,結局

$$\vec{u'} = (a_1 \cos\theta - a_2 \sin\theta, a_1 \sin\theta + a_2 \cos\theta, a_3)$$
$$\vec{v'} = (b_1 \cos\theta - b_2 \sin\theta, b_1 \sin\theta + b_2 \cos\theta, b_3)$$

が得られます.これらの内積を計算してみましょう.

$$\begin{aligned}\vec{u'} \cdot \vec{v'} &= (a_1 \cos\theta - a_2 \sin\theta)(b_1 \cos\theta - b_2 \sin\theta) \\ &\quad + (a_1 \sin\theta + a_2 \cos\theta)(b_1 \sin\theta + b_2 \cos\theta) + a_3 b_3 \\ &= a_1 b_1 + a_2 b_2 + a_3 b_3 \\ &= \vec{u} \cdot \vec{v}\end{aligned}$$

となり,$\vec{u} \cdot \vec{v}$ に等しくなることが示されました.あるいは平面ベクトルの回転不変性を用いるなら,

$$\vec{u'} \cdot \vec{v'} = \vec{u_1'} \cdot \vec{v_1'} + a_3 b_3 = \vec{u_1} \cdot \vec{v_1} + a_3 b_3 = \vec{u} \cdot \vec{v}$$

という風に簡単に示すことができます.このように内積は,この回転に関して不変であることがわかりました.

次に,y 軸を回転軸とする角度 φ の回転を考えましょう.この場合の赤道面は xz 平面となります.

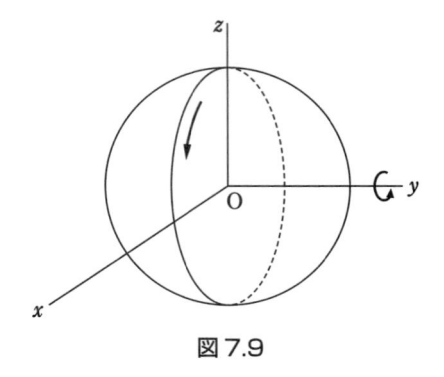

図 7.9

第 7 章 空間ベクトル

ベクトル $\vec{u}$, $\vec{v}$ に対し,今度はそれぞれの xz 平面への射影を考えます.射影した結果を xz 平面内の平面ベクトルと見て $\vec{u}_2$, $\vec{v}_2$ とおくと,

$$\vec{u}_2 = (a_1, a_3), \quad \vec{v}_2 = (b_1, b_3)$$

となります.

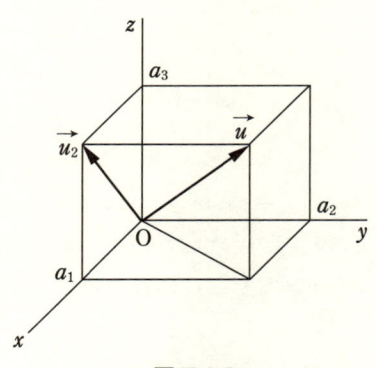

図 7.10

さて y 軸を回転軸とする角度 φ の回転を行い,$\vec{u}$, $\vec{v}$ がそれぞれ $\vec{u}'$, $\vec{v}'$ になったとします.$\vec{u}'$, $\vec{v}'$ の xz 平面への射影を $\vec{u}_2'$, $\vec{v}_2'$ とすると,$\vec{u}_2'$, $\vec{v}_2'$ は $\vec{u}_2$, $\vec{v}_2$ を平面ベクトルとして角度 φ 回転したものとなります.

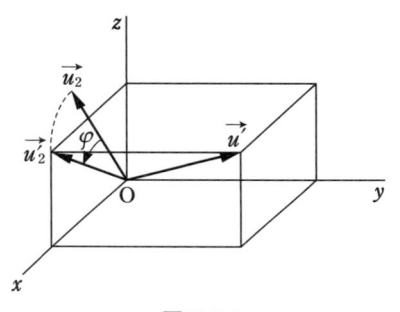

図7.11

このことから
$$\vec{u_2'} = (a_1 \cos\varphi - a_3 \sin\varphi, a_1 \sin\varphi + a_3 \cos\varphi)$$
$$\vec{v_2'} = (b_1 \cos\varphi - b_3 \sin\varphi, b_1 \sin\varphi + b_3 \cos\varphi)$$
がわかり，$\vec{u}, \vec{v}$ の y 成分はこの回転で変わらないことと考え合わせて
$$\vec{u'} = (a_1 \cos\varphi - a_3 \sin\varphi, a_2, a_1 \sin\varphi + a_3 \cos\varphi)$$
$$\vec{v'} = (b_1 \cos\varphi - b_3 \sin\varphi, b_2, b_1 \sin\varphi + b_3 \cos\varphi)$$
が得られます．したがってこの場合の内積を計算すると，やはり
$$\vec{u'} \cdot \vec{v'} = \vec{u_2'} \cdot \vec{v_2'} + a_2 b_2 = \vec{u_2} \cdot \vec{v_2} + a_2 b_2 = \vec{u} \cdot \vec{v}$$
となって，もとの内積と等しくなることが示されました．

一般の回転は，上で考えた2種類の特別な回転を組み合わせることで必ず実現できます（次の問 7.1 参照）．したがって一般の回転についても，内積が変わらないことが結論できました．■

第7章 空間ベクトル

問 7.1 x 軸を回転軸とする $-90°$ の回転を，y 軸を軸とする回転と z 軸を軸とする回転の組み合わせで実現せよ．

2つの空間ベクトル $\vec{u}, \vec{v}$ に対して，$\vec{u}$ と $\vec{v}$ のなす角というものを定義しましょう．$\vec{u}$ と $\vec{v}$ の始点を合わせます．すると xyz 空間の中に，$\vec{u}, \vec{v}$ を辺とする三角形ができます．その三角形の，$\vec{u}$ と $\vec{v}$ の共通の始点における内角を，$\vec{u}$ と $\vec{v}$ のなす角と定めます．平面ベクトルのときと同様に，一方をどれだけ回転させると他方に重なるか，という角度として定義することもできますが，この定義だと空間内の回転を考えなくてはならないのでわかりづらいかと思い，上のような定義にしました．

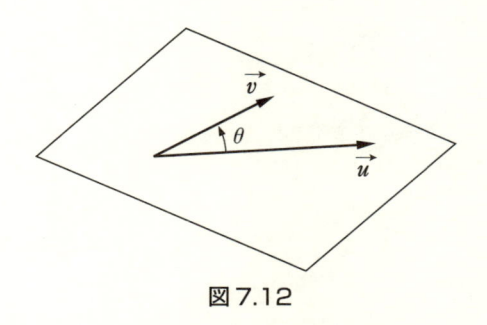

図 7.12

さて以上により，内積の図形的な意味を述べることができるようになりました．

定理 7.2 2つの空間ベクトル $\vec{u}, \vec{v}$ のなす角を θ とするとき，
$$\vec{u} \cdot \vec{v} = |\vec{u}||\vec{v}| \cos \theta \tag{7.10}$$
が成り立つ．

証明 2つの空間ベクトルのなす角も，またベクトルの長さも，回転によって変わりません．そこで空間をうまく回転させて，$\vec{u}$ と $\vec{v}$ がともに xy 平面に載るようにしましょう．たとえば次のような手順を行えばよいでしょう．

まず z 軸を回転軸とする回転により，$\vec{u}$ の xy 平面への射影が x 軸に重なるようにします．つぎに y 軸を回転軸とする回転により，$\vec{u}$ 自身が x 軸に重なるようにします．最後に x 軸を回転軸とする回転を行い，$\vec{v}$ が xy 平面に載るようにします．この最後の回転では x 軸上にある $\vec{u}$ は動かないので，この結果 $\vec{u}$ も $\vec{v}$ も xy 平面に載っていることになりました．

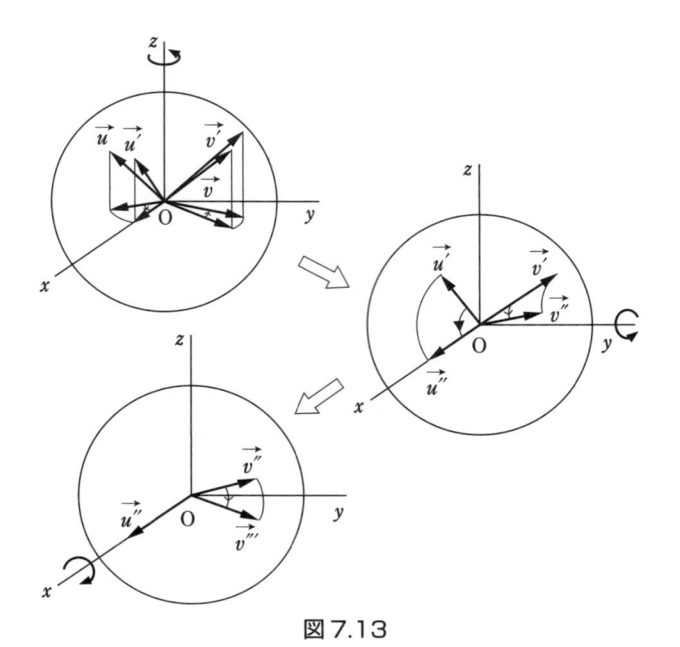

図 7.13

上のような回転によって xy 平面に移動してきたベクトルを，それぞれ $\vec{u}_0$, $\vec{v}_0$ としましょう．これらは xy 平面上にあることから，

$$\vec{u}_0 = (a_1', a_2', 0), \quad \vec{v}_0 = (b_1', b_2', 0)$$

という形をしていることがわかります．したがってこれらの内積は，これらを平面ベクトル (a_1', a_2'), (b_1', b_2') と見たときの内積に等しくなります．$\vec{u}_0$ と $\vec{v}_0$ のなす角を θ_0 とおくと，第4章の (4.13) にあるとおり

$$\vec{u}_0 \cdot \vec{v}_0 = |\vec{u}_0||\vec{v}_0| \cos \theta_0$$

が成り立ちます．

はじめに注意したように，回転によってベクトルのなす角もベクトルの長さも変わらないので，

$$|\vec{u}_0| = |\vec{u}|, \quad |\vec{v}_0| = |\vec{v}|, \quad \theta_0 = \theta$$

が成り立ちます．したがって内積の回転不変性（定理 7.1）と合わせて

$$\vec{u} \cdot \vec{v} = \vec{u}_0 \cdot \vec{v}_0 = |\vec{u}_0||\vec{v}_0| \cos \theta_0 = |\vec{u}||\vec{v}| \cos \theta$$

が得られ，定理が証明できました．∎

この定理の応用上重要な帰結として，次の事柄が成り立ちます．

定理 7.3 2つの空間ベクトル $\vec{u}$, $\vec{v}$ が直交しているときには，
(7.11) $$\vec{u} \cdot \vec{v} = 0$$
となる．

これは (7.10) において $\theta = 90°$ とすれば直ちにわかります.

《空間ベクトルの分解》

たとえば

$$(a_1, a_2, a_3) = a_1(1,0,0) + a_2(0,1,0) + a_3(0,0,1)$$

というように,空間ベクトルをあらかじめ与えられたいくつかのベクトルたちのスカラー倍の和として表すことを考えましょう.この場合の「もと」になるベクトルは $(1,0,0)$, $(0,1,0)$, $(0,0,1)$ の 3 個です.このように空間ベクトルの場合には,すべてのベクトルを表そうとすると 3 個のベクトルが必要になります.

そこで,どのような 3 個のベクトルであれば「もと」になれるのか,ということを考えましょう.これは第 6 章で平面ベクトルのときに考えたのと同様の考察になります.第 6 章の定義 6.1, 6.2 にならって,次の定義を与えます.

定義 7.1 3 つの空間ベクトル $\vec{u}, \vec{v}, \vec{w}$ について,

$$(7.12) \qquad a\vec{u} + b\vec{v} + c\vec{w} = \vec{0}$$

を成り立たせるようなスカラーの組 (a,b,c) で,$a=b=c=0$ 以外のものが存在するとき,$\vec{u}, \vec{v}, \vec{w}$ は**線形従属**(あるいは**1 次従属**)という.

そうでないとき,$\vec{u}, \vec{v}, \vec{w}$ は**線形独立**(あるいは**1 次独立**)という.言い換えると,$\vec{u}, \vec{v}, \vec{w}$ が線形独立であるとは,(7.12) を成り立たせるようなスカラーの組が $(a,b,c) = (0,0,0)$ しかないという場合である.

第7章 空間ベクトル

与えられたベクトルの組が線形独立かどうかを判定する方法があります.

定理 7.4 3つのベクトル $\vec{u} = (u_1, u_2, u_3)$, $\vec{v} = (v_1, v_2, v_3)$, $\vec{w} = (w_1, w_2, w_3)$ が線形独立であるための必要十分条件は,
(7.13)
$$u_1 v_2 w_3 + u_2 v_3 w_1 + u_3 v_1 w_2 - u_1 v_3 w_2 - u_2 v_1 w_3 - u_3 v_2 w_1 \neq 0$$
が成り立つことである.

この定理は, 第9章で少し触れる線形代数という分野の行列式という概念を使うとすっきりとわかるのですが, 本書ではそこまで説明する余裕がないため証明は与えません. ただし, がんばれば定理 6.1 と同様のやり方で証明することもできます.

そのかわり, 線形独立性の図形的な意味を説明しましょう. そのため, 線形従属になるのはどのような場合なのかを考えてみます.

まず $\vec{u}$, $\vec{v}$, $\vec{w}$ のうちにゼロベクトル $\vec{0}$ があれば, これらは線形従属となります. たとえば $\vec{w} = \vec{0}$ だとすると,

$$0\vec{u} + 0\vec{v} + 1\vec{w} = 1\vec{0} = \vec{0}$$

となるので, スカラーの組 $(0, 0, 1)$ により (7.12) が成り立つからです. また2つのベクトルが同じ方向か反対方向を向いているときも線形従属です. たとえば $\vec{u}$ と $\vec{v}$ が同じ向きになっているときには,

$$|\vec{v}|\vec{u} - |\vec{u}|\vec{v} + 0\vec{w} = \vec{0}$$

となるので, スカラーの組 $(|\vec{v}|, -|\vec{u}|, 0)$ について (7.12) が成

り立ちます．これらは第6章の平面ベクトルの場合と同様の事情です．さらに空間ベクトルのときには，これら以外でも線形従属になることがあります．たとえば，$\vec{u}$ と $\vec{v}$ がいずれも $\vec{0}$ とは異なり，同じ向きにも反対向きにもなっていないとします．このとき (7.12) で $c \neq 0$ であったとすると，

$$\vec{w} = -\frac{a}{c}\vec{u} - \frac{b}{c}\vec{v}$$

が得られますが，$\vec{u}$ と $\vec{v}$ の始点を合わせた状態で考えると，これは $\vec{w}$ が $\vec{u}$ と $\vec{v}$ の載っている平面上のベクトルになっている，ということを表しています．

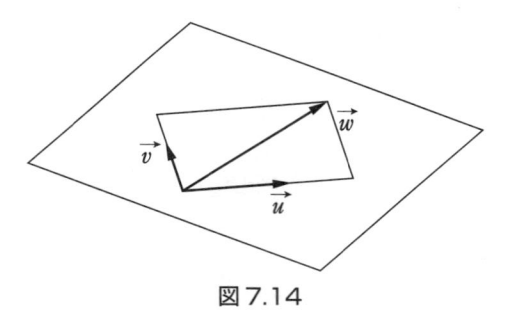

図7.14

つまり3つのベクトルがすべて1つの平面上に収まっているという状態で，これも線形従属の1つの姿です．そして以上のようなことがない，というのが線形独立ということになります．言い換えると，3つのベクトルが3次元的にばらばらな方向を向いている，という感じです．

このように線形独立を理解すると，次の定理も納得できるでしょう．

第7章 空間ベクトル

定理 7.5 3つのベクトル $\vec{u}$, $\vec{v}$, $\vec{w}$ が線形独立なら,勝手な空間ベクトル $\vec{p}$ に対して

$$\vec{p} = a\vec{u} + b\vec{v} + c\vec{w} \tag{7.14}$$

となるスカラーの組 (a,b,c) が存在し,しかもそれはただ1組に限る.

証明 存在することについては厳密な証明は行わず,図を見てもらうことにしましょう.

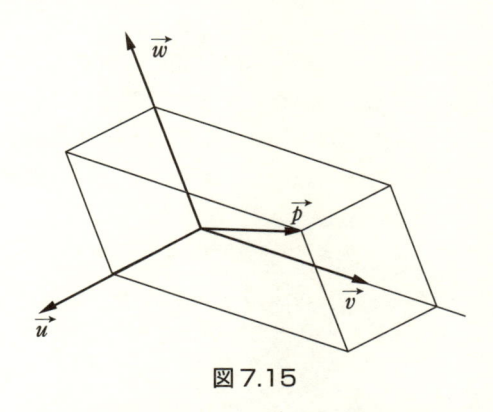

図 7.15

ただ1組に限ることは証明できます.(7.14) を満たすようなスカラーが (a,b,c), (a',b',c') の2組あったとしましょう.すると

$$\vec{p} = a\vec{u} + b\vec{v} + c\vec{w}$$
$$\vec{p} = a'\vec{u} + b'\vec{v} + c'\vec{w}$$

となるので,辺々引き算すると

$$(a - a')\vec{u} + (b - b')\vec{v} + (c - c')\vec{w} = \vec{0}$$

が得られます.これは (7.12) の形の式で,$\vec{u}$, $\vec{v}$, $\vec{w}$ が線形独立なので

$$a - a' = b - b' = c - c' = 0$$

となり,$(a', b', c') = (a, b, c)$ が得られます.したがって (7.14) を満たすようなスカラーの組は,実は 1 組しかないことが示されました.■

(7.14) の右辺にある $a\vec{u} + b\vec{v} + c\vec{w}$ のことを,$\vec{u}$, $\vec{v}$, $\vec{w}$ の**線形結合**(または **1 次結合**)といいます.また左辺の $\vec{p}$ を (7.14) のようにあらかじめ与えられていた $\vec{u}$, $\vec{v}$, $\vec{w}$ のスカラー倍の線形結合で表すことを,ベクトル $\vec{p}$ の**分解**といいます.なお線形結合ということばは,2 つの空間ベクトルに対しても使われます.すなわち $a\vec{u} + b\vec{v}$ のことを,$\vec{u}$ と $\vec{v}$ の線形結合と呼びます.

問 7.2 $\vec{u} = (1, 2, 3)$, $\vec{v} = (-1, 0, 5)$, $\vec{w} = (3, 7, 5)$ とする.$\vec{p} = (1, 1, 1)$ を $\vec{u}$, $\vec{v}$, $\vec{w}$ の線形結合として表せ.

空間ベクトルの分解の話は,第 9 章でもう少し詳しく扱うことにします.

第8章 空間図形とベクトル

平面ベクトルも平面図形を調べるのに役立ちましたが，空間ベクトルは，なかなか把握しづらい空間図形を調べるにあたり，より強力な手段となります．

問題1 xyz 空間内の 2 点 P, Q を通る直線を求めよ．

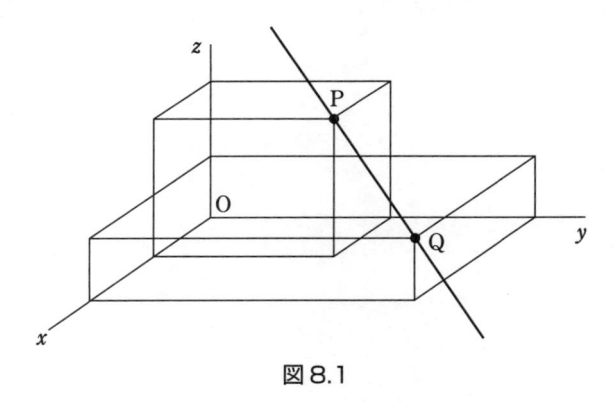

図8.1

解答 P, Q の座標を $P(a_1, a_2, a_3)$, $Q(b_1, b_2, b_3)$ とし，求める直線上の点 $X(x, y, z)$ を P, Q の座標を用いて表すことを目指します．第 3 章の問題 1 と同様に考えると，媒介変数 t を用いて

$$\overrightarrow{OX} = \overrightarrow{OP} + t\overrightarrow{PQ}$$
$$= (1-t)\overrightarrow{OP} + t\overrightarrow{OQ}$$

125

と表すことができます.両辺を数ベクトルとして表すと,

(8.1)
$$\begin{cases} x = (1-t)a_1 + tb_1 \\ y = (1-t)a_2 + tb_2 \\ z = (1-t)a_3 + tb_3 \end{cases}$$

が得られます.これが求める直線の媒介変数表示となります.
∎

空間内の直線というのは,絵を描こうと思ってもなかなか難しいのですが,ベクトルを使うとこのように簡単に捕らえることができます.その応用例として,次のようなことがわかります.平面上の2本の直線は平行でない限り必ず交わりますが,空間内の2本の直線は,平行でなくてもふつうは交わりません.交わらないことを示すために,ベクトルを用いて得られた媒介変数表示 (8.1) が使えます.次の問いを考えてみて下さい.

問 8.1 2点 P$(1,1,2)$, Q$(2,-1,3)$ を通る直線 ℓ_1 と,2点 R$(3,0,1)$, S$(-1,1,-1)$ を通る直線 ℓ_2 は交わらないことを示せ.

このように,平行ではないが交わらない2直線を,**ねじれの位置にある**といいます.

第 8 章 空間図形とベクトル

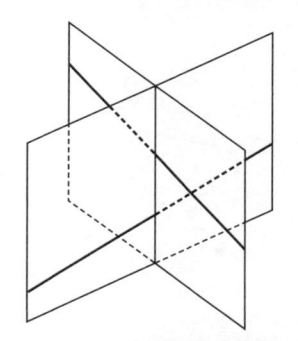

図 8.2 ねじれの位置にある 2 直線

問題 2 xyz 空間の 3 点 P, Q, R をすべて含む平面を求めよ.

解答 この問題は次のように考えると, 問題 1 に帰着させることができます. $P(a_1, a_2, a_3)$, $Q(b_1, b_2, b_3)$, $R(c_1, c_2, c_3)$ とし, 求める平面上の点を $X(x, y, z)$ とします. P, Q を通る直線を ℓ とし, R, X を通る直線と ℓ との交点を X' とおきます. P, Q, R, X はすべて同一平面上にあるので, 確かにこれら 2 本の直線は交点を持ちます. この状況を逆に言えば, X' は ℓ 上の点で, X' と R を通る直線上に X が載っている, ということになります.

すると問題 1 によって, 媒介変数 t により

$$\overrightarrow{OX'} = (1-t)\overrightarrow{OP} + t\overrightarrow{OQ}$$

と表されることがわかり, さらに別の媒介変数 s により

$$\overrightarrow{OX} = (1-s)\overrightarrow{OR} + s\overrightarrow{OX'}$$

図 8.3

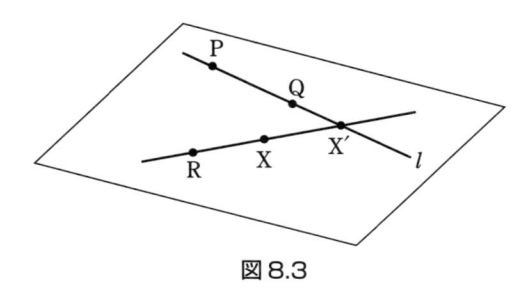

となります．これらを合わせて，

$$\overrightarrow{OX} = (1-s)\overrightarrow{OR} + s\{(1-t)\overrightarrow{OP} + t\overrightarrow{OQ}\}$$
$$= (1-s)\overrightarrow{OR} + s(1-t)\overrightarrow{OP} + st\overrightarrow{OQ}$$

が得られます．こうしてベクトルによる X の位置ベクトルの媒介変数表示が得られました．このままでもよいのですが，対称性の高い表示にするため，新しい媒介変数を導入しましょう．

$$t_1 = s(1-t), \quad t_2 = st, \quad t_3 = 1-s$$

とおきます．このとき t_1, t_2, t_3 は $t_1 + t_2 + t_3 = 1$ を満たします．すると上の媒介変数表示は

$$\overrightarrow{OX} = t_1\overrightarrow{OP} + t_2\overrightarrow{OQ} + t_3\overrightarrow{OR}$$

となり，これを成分ごとに書いてみると

(8.2) $\begin{cases} x = t_1 a_1 + t_2 b_1 + t_3 c_1 \\ y = t_1 a_2 + t_2 b_2 + t_3 c_2 \\ z = t_1 a_3 + t_2 b_3 + t_3 c_3 \end{cases} \quad (t_1 + t_2 + t_3 = 1)$

となります．■

第8章 空間図形とベクトル

以上で解答としては完了ですが,この表示を用いてもう少し考えてみましょう.X′ が線分 PQ 上にあるときは,媒介変数 t の値が $0 \leq t \leq 1$ の範囲に入っています.さらに X が線分 RX′ 上にあるときには,媒介変数 s の値が $0 \leq s \leq 1$ の範囲に入っています.この状況は,X が △PQR の内側にある場合で,媒介変数の条件を新しい媒介変数で表すと

$$0 \leq t_1 \leq 1,\ 0 \leq t_2 \leq 1,\ 0 \leq t_3 \leq 1$$

ということになります.このように,P,Q,R の載っている平面を,3本の直線 PQ,QR,RP で区切るとき,X が区切られたどの領域に入るかということが媒介変数の不等式で表されます.その結果を図示しておきましょう.

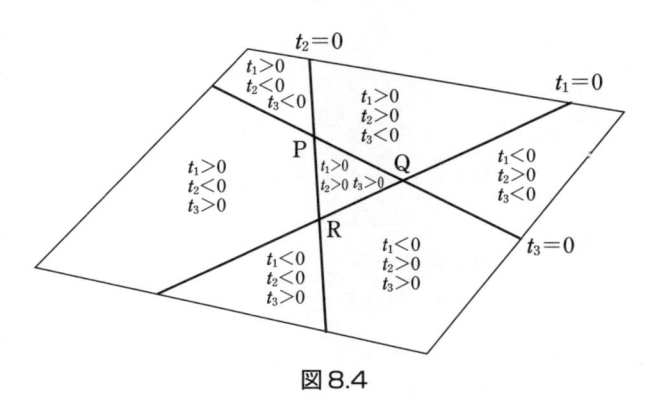

図 8.4

問題 3 xyz 空間の点 P を通り,2つの空間ベクトル $\vec{u}$,$\vec{v}$ に直交する直線を求めよ.

解答 $P(a_1, a_2, a_3)$, $\vec{u} = (u_1, u_2, u_3)$, $\vec{v} = (v_1, v_2, v_3)$ としましょう．求める直線の方向ベクトル，つまり直線と同じ向きを向いたベクトルの 1 つを $\vec{w} = (w_1, w_2, w_3)$ とおきます．

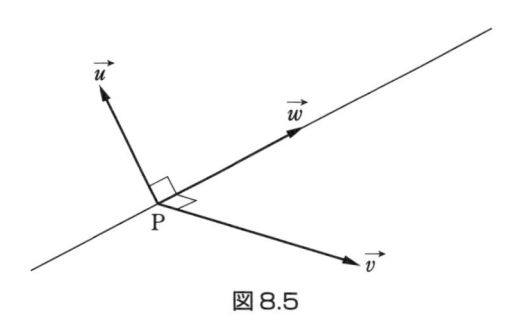

図 8.5

すると $\vec{w}$ は $\vec{u}$, $\vec{v}$ と直交するので，定理 7.3 によって

$$\vec{u} \cdot \vec{w} = \vec{v} \cdot \vec{w} = 0$$

が成り立ちます．これを成分で表すと，

$$\begin{cases} u_1 w_1 + u_2 w_2 + u_3 w_3 = 0 & \cdots ① \\ v_1 w_1 + v_2 w_2 + v_3 w_3 = 0 & \cdots ② \end{cases}$$

いま $u_1 v_2 - u_2 v_1 \neq 0$ が成り立っているとしましょう．すると $① \times v_2 - ② \times u_2$ を計算して

$$(u_1 v_2 - u_2 v_1) w_1 + (u_3 v_2 - u_2 v_3) w_3 = 0$$

となるので，これより

$$w_1 = -\frac{u_3 v_2 - u_2 v_3}{u_1 v_2 - u_2 v_1} w_3$$

が得られます．同様に $① \times v_1 - ② \times u_1$ を計算することで，

$$w_2 = -\frac{u_3 v_1 - u_1 v_3}{u_2 v_1 - u_1 v_2} w_3$$

第 8 章 空間図形とベクトル

が得られます.そこで $w_3 = u_1v_2 - u_2v_1$ とすると,

$$\vec{w} = (u_2v_3 - u_3v_2, u_3v_1 - u_1v_3, u_1v_2 - u_2v_1)$$

となり $\vec{w}$ が求まりました.

方向ベクトルが求まりましたので,求める直線上の点を X(x, y, z) とすると

$$\overrightarrow{OX} = \overrightarrow{OP} + t\vec{w}$$

という媒介変数表示から

(8.3) $$\begin{cases} x = a_1 + t(u_2v_3 - u_3v_2) \\ y = a_2 + t(u_3v_1 - u_1v_3) \\ z = a_3 + t(u_1v_2 - u_2v_1) \end{cases}$$

が得られました. ∎

|問題 4| xyz 空間の点 P を通り,ベクトル $\vec{u}$ と直交する平面 L を求めよ.

解答 ベクトル $\vec{u}$ と直交する平面というのは,その平面上のどんな直線も $\vec{u}$ と直交しているというような平面のことです.

空間内の平面の傾き方は,それと直交するベクトルを 1 つ与えると決まります.このようなベクトルを,その平面の**法ベクトル**あるいは**法線ベクトル**といいます.

さてこの問題は,考え方がわかると意外に簡単です.求める平面 L 上の点を X(x, y, z) としましょう.すると 2 点 P, X がともに L 上にあるので,ベクトル $\overrightarrow{PX}$ も L 上にあります.したがって $\overrightarrow{PX}$ は $\vec{u}$ と直交しなくてはなりません.よって定理 7.3 より

図8.6

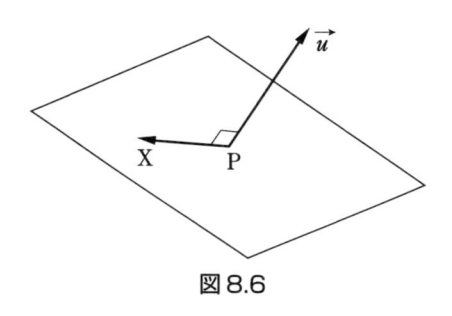

$$\vec{u} \cdot \overrightarrow{\mathrm{PX}} = 0$$

が成り立ちます．$\mathrm{P}(a_1, a_2, a_3)$ とし，$\vec{u} = (u_1, u_2, u_3)$ とおくと，

$$\overrightarrow{\mathrm{PX}} = (x - a_1, y - a_2, z - a_3)$$

ですから，

(8.4) $\quad u_1(x - a_1) + u_2(y - a_2) + u_3(z - a_3) = 0$

が得られます．これが $\mathrm{X}(x, y, z)$ が L 上に載っているための条件を表す式で，**平面 L の方程式**といいます．■

問 8.2 3点 $(1, 2, 3)$，$(-2, 5, 4)$，$(0, -1, -3)$ をすべて含む平面の方程式を求めよ．

問 8.3 点 $(1, 2, 3)$ を通り，ベクトル $(3, -1, 5)$，$(2, 2, -3)$ と直交する直線を求めよ．

問 8.4 点 $(1, 2, 3)$ を通り，ベクトル $(-5, 8, 7)$ と直交する平面の方程式を求めよ．

第9章 ベクトルと連立1次方程式

まず未知数が2個の，2元連立1次方程式を考えます．

(9.1)
$$\begin{cases} ax + by = p \\ cx + dy = q \end{cases}$$

x, y が未知数で，a, b, c, d, p, q は与えられた数です．これをよく見ると，ベクトルの等式が見えてきます．ベクトルとのつながりを見やすくするため，今まで

$$(a, b)$$

という風に横に数値を並べて書いていたベクトルを，縦にして

$$\begin{pmatrix} a \\ b \end{pmatrix}$$

という風に書くことにします．横を縦にしただけですから，実質的な内容は何も変わっていません．

すると (9.1) は

$$x \begin{pmatrix} a \\ c \end{pmatrix} + y \begin{pmatrix} b \\ d \end{pmatrix} = \begin{pmatrix} p \\ q \end{pmatrix}$$

というベクトルの等式になります．これをさらに

(9.2)
$$\begin{pmatrix} p \\ q \end{pmatrix} = x \begin{pmatrix} a \\ c \end{pmatrix} + y \begin{pmatrix} b \\ d \end{pmatrix}$$

と書けば，これはベクトル $\begin{pmatrix} p \\ q \end{pmatrix}$ を，$\begin{pmatrix} a \\ c \end{pmatrix}$ と $\begin{pmatrix} b \\ d \end{pmatrix}$ のスカラー倍の和に分解せよ，という問題であることがわかります．

このように翻訳すると，第 6 章の定理 6.2 にあるとおり，$\begin{pmatrix} a \\ c \end{pmatrix}$ と $\begin{pmatrix} b \\ d \end{pmatrix}$ が線形独立なら，(9.2) を満たすスカラーの組 (x, y) はただ 1 組だけ存在し，それが (9.2) の解となります．この考察は連立 1 次方程式をベクトルの等式に置き換えただけで，方程式を解く作業が楽になるわけではありません．しかし (9.1) に解があるか，あるとしてそれがただ 1 組に限るか，といったことを考えるときには，ベクトルの等式と見て線形独立の概念を使うのが有効になります．

具体例を 3 つ考えてみましょう．

(9.3) $$\begin{cases} 2x + y = 3 \\ x + 2y = 3 \end{cases}$$

(9.4) $$\begin{cases} 2x + y = 3 \\ 4x + 2y = 3 \end{cases}$$

(9.5) $$\begin{cases} 2x + y = 3 \\ 4x + 2y = 6 \end{cases}$$

(9.3) については，左辺の係数で作るベクトル

$$\begin{pmatrix} 2 \\ 1 \end{pmatrix}, \quad \begin{pmatrix} 1 \\ 2 \end{pmatrix}$$

は線形独立です．これは定理 6.1 を使うとすぐにわかります．したがって (9.3) はただ 1 組の解を持つことがわかります．なおその解は $(1, 1)$ です．

(9.4) については，左辺の係数で作るベクトル

$$\begin{pmatrix} 2 \\ 4 \end{pmatrix}, \quad \begin{pmatrix} 1 \\ 2 \end{pmatrix}$$

は線形従属になっています．これは定理 6.1 を使ってもわか

第9章 ベクトルと連立1次方程式

りますが,実際に

$$1\begin{pmatrix}2\\4\end{pmatrix} + (-2)\begin{pmatrix}1\\2\end{pmatrix} = \begin{pmatrix}0\\0\end{pmatrix}$$

となることからわかります.さてこの場合には定理 6.2 が使えないので,解の存在は保証されません.そこで解いてみましょう.

$$\begin{cases}2x + y = 3 & \cdots ①\\ 4x + 2y = 3 & \cdots ②\end{cases}$$

として,① × 2 − ② を計算すると,左辺は 0, 右辺は 3 となるのでこれは起こり得ません.したがって (9.4) には解は存在しません.

(9.5) の左辺は (9.4) と同じなので,係数の作るベクトルは線形従属です.しかし (9.5) には (9.4) と違って解があります.というのは,(9.5) の第 1 式 $2x + y = 3$ を満たす (x, y) を何でもよいからもってくると,第 2 式 $4x + 2y = 6$ は自動的に満たされるからです.実際

$$4x + 2y = 2(2x + y) = 2 \times 3 = 6$$

となります.第 1 式を満たす (x, y) は無数にありますから,(9.5) の解は無数にあることになります.

同じ左辺を持つ (9.4) と (9.5) では,解が 1 つもないか無数にあるかという両極端の状況が現れました.この違いはもちろん右辺が違うからですが,その事情を考えてみましょう.(9.4) と (9.5) の左辺を書き換えて,

$$x\begin{pmatrix}2\\4\end{pmatrix} + y\begin{pmatrix}1\\2\end{pmatrix} = (2x + y)\begin{pmatrix}1\\2\end{pmatrix}$$

としてみます．すると左辺は $\begin{pmatrix} 1 \\ 2 \end{pmatrix}$ というベクトルのスカラー倍であることがわかるので，右辺もそうなっていないと解はないことになります．(9.4) の右辺 $\begin{pmatrix} 3 \\ 3 \end{pmatrix}$ は $\begin{pmatrix} 1 \\ 2 \end{pmatrix}$ のスカラー倍になっていないため解が存在せず，一方 (9.5) の右辺 $\begin{pmatrix} 3 \\ 6 \end{pmatrix}$ は

$$\begin{pmatrix} 3 \\ 6 \end{pmatrix} = 3 \begin{pmatrix} 1 \\ 2 \end{pmatrix}$$

となっているので，スカラー同士を比較して

$$2x + y = 3$$

となっていれば等式が成り立つことになり，解が無数に存在することになるのです．

以上の事情は一般的に成り立つことなので，定理としてまとめておきましょう．

定理 9.1 2 元連立 1 次方程式

$$\begin{cases} ax + by = p \\ cx + dy = q \end{cases}$$

において，

(i) $\begin{pmatrix} a \\ c \end{pmatrix}$, $\begin{pmatrix} b \\ d \end{pmatrix}$ が線形独立なら，$\begin{pmatrix} p \\ q \end{pmatrix}$ が何であっても解は存在してただ 1 組に限る．

(ii) $\begin{pmatrix} a \\ c \end{pmatrix}$, $\begin{pmatrix} b \\ d \end{pmatrix}$ が線形従属とする．このとき

(ii-1) $\begin{pmatrix} p \\ q \end{pmatrix}$ が $\begin{pmatrix} a \\ c \end{pmatrix}$ の ($\begin{pmatrix} a \\ c \end{pmatrix} = \begin{pmatrix} 0 \\ 0 \end{pmatrix}$ のときは $\begin{pmatrix} b \\ d \end{pmatrix}$ の)
スカラー倍になっていないなら, 解は存在しない.

(ii-2) $\begin{pmatrix} p \\ q \end{pmatrix}$ が $\begin{pmatrix} a \\ c \end{pmatrix}$ の ($\begin{pmatrix} a \\ c \end{pmatrix} = \begin{pmatrix} 0 \\ 0 \end{pmatrix}$ のときは $\begin{pmatrix} b \\ d \end{pmatrix}$ の)
スカラー倍になっているなら, 解は無数に存在する.

問 9.1 次の連立1次方程式に解が存在するように, 定数 a の値を定めよ.

$$\begin{cases} x + 3y = 5 \\ 2x + 6y = a \end{cases}$$

問 9.2 次の連立1次方程式に解が存在しないように, 定数 a の値を定めよ.

$$\begin{cases} 2x - 3y = 5 \\ ax - 4y = 3 \end{cases}$$

次に, 未知数が3個の3元連立1次方程式を考えましょう.

(9.6) $$\begin{cases} a_1 x + b_1 y + c_1 z = p_1 \\ a_2 x + b_2 y + c_2 z = p_2 \\ a_3 x + b_3 y + c_3 z = p_3 \end{cases}$$

ここで x, y, z が未知数, a_i, b_i, c_i, p_i $(i = 1, 2, 3)$ が与えられた数です. これをベクトルで書くと,

$$x \begin{pmatrix} a_1 \\ a_2 \\ a_3 \end{pmatrix} + y \begin{pmatrix} b_1 \\ b_2 \\ b_3 \end{pmatrix} + z \begin{pmatrix} c_1 \\ c_2 \\ c_3 \end{pmatrix} = \begin{pmatrix} p_1 \\ p_2 \\ p_3 \end{pmatrix}$$

となります.

$$\begin{pmatrix} a_1 \\ a_2 \\ a_3 \end{pmatrix} = \vec{u}, \quad \begin{pmatrix} b_1 \\ b_2 \\ b_3 \end{pmatrix} = \vec{v}, \quad \begin{pmatrix} c_1 \\ c_2 \\ c_3 \end{pmatrix} = \vec{w}, \quad \begin{pmatrix} p_1 \\ p_2 \\ p_3 \end{pmatrix} = \vec{p}$$

とおきましょう. すると上の式は

(9.7) $$x\vec{u} + y\vec{v} + z\vec{w} = \vec{p}$$

となり, ベクトル $\vec{p}$ を 3 つのベクトル $\vec{u}$, $\vec{v}$, $\vec{w}$ の線形結合で表す, という問題と見ることができます. 定理 7.5 によれば, $\vec{u}$, $\vec{v}$, $\vec{w}$ が線形独立なら, (9.7) を成り立たせるスカラーの組 (x, y, z) はただ 1 組だけ存在します. つまりもとの連立 1 次方程式 (9.6) には, 解がただ 1 組存在することになります.

$\vec{u}$, $\vec{v}$, $\vec{w}$ が線形従属のときは定理 7.5 が使えません. どんなことが起きるのかを具体例を使って見てみましょう. 未知数が 2 個のときより, 少し複雑になります.

(9.8) $$\begin{cases} 2x - y + 3z = 5 \\ 4x - 2y + 6z = 10 \\ 6x - 3y + 9z = 8 \end{cases}$$

(9.9) $$\begin{cases} 2x - y + 3z = 5 \\ 4x - 2y + 6z = 6 \\ x + y + z = 8 \end{cases}$$

(9.10) $$\begin{cases} 2x - y + 3z = 1 \\ 4x - y + 2z = 2 \\ 6x - 2y + 5z = 4 \end{cases}$$

これらの方程式には, いずれも解が存在しません. その理

第9章 ベクトルと連立1次方程式

由を1つずつ見ていきましょう.

まず (9.8) を見ましょう. 左辺は

$$x \begin{pmatrix} 2 \\ 4 \\ 6 \end{pmatrix} + y \begin{pmatrix} -1 \\ -2 \\ -3 \end{pmatrix} + z \begin{pmatrix} 3 \\ 6 \\ 9 \end{pmatrix} = (2x - y + 3z) \begin{pmatrix} 1 \\ 2 \\ 3 \end{pmatrix}$$

と書けるので,右辺も $\begin{pmatrix} 1 \\ 2 \\ 3 \end{pmatrix}$ のスカラー倍になっていなければ解は存在しません. しかし右辺の $\begin{pmatrix} 5 \\ 10 \\ 8 \end{pmatrix}$ はそうなってはいないので, (9.8) には解が存在しないことがわかります.

次に (9.9) を見ます. 左辺は

$$x \begin{pmatrix} 2 \\ 4 \\ 1 \end{pmatrix} + y \begin{pmatrix} -1 \\ -2 \\ 1 \end{pmatrix} + z \begin{pmatrix} 3 \\ 6 \\ 1 \end{pmatrix}$$

となり, (9.8) のときのように1つの空間ベクトルのスカラー倍の形に書けてはいませんが,上2つの成分だけを取り出して書いてみると

$$x \begin{pmatrix} 2 \\ 4 \end{pmatrix} + y \begin{pmatrix} -1 \\ -2 \end{pmatrix} + z \begin{pmatrix} 3 \\ 6 \end{pmatrix} = (2x - y + 3z) \begin{pmatrix} 1 \\ 2 \end{pmatrix}$$

となっているので,右辺の上2つの成分も $\begin{pmatrix} 1 \\ 2 \end{pmatrix}$ のスカラー倍になっていなくては解がありません. (9.9) の右辺はそうなっていないため, (9.9) には解が存在しないことがわかります.

(9.10) を見ましょう．左辺は
$$x\begin{pmatrix}2\\4\\6\end{pmatrix}+y\begin{pmatrix}-1\\-1\\-2\end{pmatrix}+z\begin{pmatrix}3\\2\\5\end{pmatrix}$$
で，(9.8) のときのようにすぐわかる関係は見えません．しかしこの場合は
$$1\begin{pmatrix}2\\4\\6\end{pmatrix}+8\begin{pmatrix}-1\\-1\\-2\end{pmatrix}+2\begin{pmatrix}3\\2\\5\end{pmatrix}=\begin{pmatrix}0\\0\\0\end{pmatrix}$$
という関係が成り立つことが確かめられるので，係数に現れる3つのベクトルは線形従属です．ここで
$$\begin{pmatrix}2\\4\\6\end{pmatrix}=\vec{u},\quad\begin{pmatrix}-1\\-1\\-2\end{pmatrix}=\vec{v},\quad\begin{pmatrix}3\\2\\5\end{pmatrix}=\vec{w}$$
とおきましょう．いま与えた関係式 $\vec{u}+8\vec{v}+2\vec{w}=\vec{0}$ より，
$$\vec{u}=-8\vec{v}-2\vec{w}$$
が得られるので，これを用いると (9.10) の左辺は
$$x\vec{u}+y\vec{v}+z\vec{w}=x(-8\vec{v}-2\vec{w})+y\vec{v}+z\vec{w}=(y-8x)\vec{v}+(z-2x)\vec{w}$$
となります．つまり左辺は $\vec{v}$ と $\vec{w}$ の線形結合になっているのです．よって右辺も $\vec{v}$ と $\vec{w}$ の線形結合になっていなければ，(9.10) には解が存在しないことになります．では確かめてみましょう．
$$\begin{pmatrix}1\\2\\4\end{pmatrix}=a\begin{pmatrix}-1\\-1\\-2\end{pmatrix}+b\begin{pmatrix}3\\2\\5\end{pmatrix}$$

第9章 ベクトルと連立1次方程式

となる a, b がとれるか,ということを調べます.これを成分ごとに書くと,

$$\begin{cases} -a + 3b = 1 & \cdots ① \\ -a + 2b = 2 & \cdots ② \\ -2a + 5b = 4 & \cdots ③ \end{cases}$$

となります.① + ② − ③ を計算すると,左辺は 0,右辺は -1 となるので,このような a, b は存在しません.したがって (9.10) に解が存在しないことが示されました.

このように左辺の係数ベクトルが線形従属になっている方程式には,解が存在しないことがあります.ところで未知数が 2 個のときには,右辺と左辺の関係によって解が存在しなかったり無数に存在したり,ということが起きました.そこで (9.8),(9.10) についても,右辺を取り替えて解が存在するようにしてみたいと思います.(9.9) は理論的には (9.10) と同じケースになるので,今回の議論では省略します.

まず (9.8) については,右辺を $\begin{pmatrix} 1 \\ 2 \\ 3 \end{pmatrix}$ のスカラー倍にしなくてはなりません.そこで右辺を $c \begin{pmatrix} 1 \\ 2 \\ 3 \end{pmatrix}$ に置き換えると,

$$(2x - y + 3z) \begin{pmatrix} 1 \\ 2 \\ 3 \end{pmatrix} = c \begin{pmatrix} 1 \\ 2 \\ 3 \end{pmatrix}$$

という方程式が得られ,

(9.11) $\qquad 2x - y + 3z = c$

を満たす (x,y,z) すべてが解になります．したがって解は無数にあります．もう少し詳しく言うと，(9.11) は (x,y,z) についての1本の関係式なので，x，y，z のうち2つは自由に選ぶことができ，残り1つを (9.11) で決めればよいことになります．この意味で，解の自由度は2であると考えられます．

では (9.10) ではどうでしょうか．左辺は $\vec{v}$ と $\vec{w}$ の線形結合なので，解が存在するためには右辺もそうなっている必要があります．そこで (9.10) の右辺を，$a\vec{v} + b\vec{w}$ で置き換えましょう．すると方程式は

$$(9.12) \qquad (y-8x)\vec{v} + (z-2x)\vec{w} = a\vec{v} + b\vec{w}$$

となるので，

$$(9.13) \qquad \begin{cases} y - 8x = a \\ z - 2x = b \end{cases}$$

を解けば解が得られます．これは x に好きな数を与えて，

$$y = a + 8x, \ z = b + 2x$$

とすれば成り立ちます．x 1個が自由に選べるので，自由度1で解が無限個存在することになります．

この議論では，(9.12) から (9.13) に移るところで少し考察が必要です．定義 7.1 では3つの空間ベクトルについて，線形独立性を定義しましたが，同様に2つの空間ベクトルや1つの空間ベクトルについても線形独立性が定義できます．2つの空間ベクトル $\vec{u}$, $\vec{v}$ が線形独立とは，

$$a\vec{u} + b\vec{v} = \vec{0}$$

を成り立たせるスカラーの組 (a,b) が，$a=b=0$ に限ることとします．また1つの空間ベクトル $\vec{u}$ が線形独立とは，

第9章 ベクトルと連立1次方程式

$$a\vec{u} = \vec{0}$$

を成り立たせるスカラー a が 0 に限ることとします.これは $\vec{u} \neq \vec{0}$ ということと同じです.

さて (9.10) に戻って,$\vec{v}$,$\vec{w}$ が線形独立かどうか調べてみましょう.$a\vec{v} + b\vec{w} = \vec{0}$,すなわち

$$a \begin{pmatrix} -1 \\ -1 \\ -2 \end{pmatrix} + b \begin{pmatrix} 3 \\ 2 \\ 5 \end{pmatrix} = \begin{pmatrix} 0 \\ 0 \\ 0 \end{pmatrix}$$

としましょう.これを成分別に書くと,

$$\begin{cases} -a + 3b = 0 & \cdots ① \\ -a + 2b = 0 & \cdots ② \\ -2a + 5b = 0 & \cdots ③ \end{cases}$$

となります.①－②より $b = 0$ が得られ,これを①に戻すと $a = 0$ となりますので,$(a, b) = (0, 0)$ が得られました.このことから,$\vec{v}$ と $\vec{w}$ は線形独立であることがわかりました.これを念頭に置いて (9.12) を次のように書き換えましょう.

$$(y - 8x - a)\vec{v} + (z - 2x - b)\vec{w} = \vec{0}$$

$\vec{v}$,$\vec{w}$ が線形独立なので,この式より

$$y - 8x - a = 0, \quad z - 2x - b = 0$$

が得られ,(9.13) が得られることがわかりました.

ここまで未知数が3個の連立1次方程式について,長い考察を行ってきました.左辺の係数の作る3つのベクトルが線形従属のときに,解のあり方が様々であることがわかりました.ここでそれらの様子をまとめてみましょう.

(9.10) においては，左辺の係数の作る 3 つのベクトルは線形従属でしたが，そのうちの 2 つは線形独立になっていました．そしてこのとき，右辺を解が存在するように選ぶと，解は自由度 1 で無限個存在しました．(9.8) では，右辺の係数の作る 3 つのベクトルはやはり線形従属で，この場合は 3 個のうちどの 2 個を取っても線形独立とはなりません．ただ 1 個を取ると，それは $\vec{0}$ とは異なるので線形独立でした．このとき，右辺を解が存在するように選ぶと，解は自由度 2 で無限個存在します．もし 3 元連立 1 次方程式の左辺の係数の作る 3 つのベクトルが線形独立なら，どのような右辺に対しても解は 1 個だけ存在するので，これは解の自由度が 0 という風に考えることができます．

するとすべての場合において，

(線形独立な係数ベクトルの最大個数) + (解の自由度) = 3

という関係が成り立っていることがわかります．この関係式は一般的に成り立つもので，**次元定理**と呼ばれます．

このようにベクトルは，図形の問題だけでなく，連立 1 次方程式の解の構造を調べるときにも重要な役割を果たします．連立 1 次方程式の解の構造については非常に系統的な理論が積み重ねられてきました．次元定理はその 1 つの頂点です．また定理 7.4 において線形独立性を判定する条件として挙げた (7.13) という式は，**行列式**というものを用いてより高い立場から理解することができます．このような理論体系は**線形代数**と呼ばれ，大学では理系の学部の人は必ず学ぶ重要な科目になっています．

第 9 章　ベクトルと連立 1 次方程式

《この先のベクトル》

　平面上のベクトルを表す数ベクトルは，2 つの実数を並べたものでしたし，空間ベクトルを表す数ベクトルは，3 つの実数を並べたものでした．すると，4 つの実数を並べた数ベクトル，5 つの実数を並べた数ベクトル，……というものがいくらでも考えられます．それらはそれぞれ 4 次元空間のベクトル，5 次元空間のベクトル，……ということになりますが，4 次元空間，5 次元空間とはどんな世界かと悩む必要はなくて，単に並んでいる数の個数が 4 個，5 個になっているとして，本書で説明してきた要領で扱うことができます．

　さらには，無限個の実数を並べた無限次元ベクトルというのもほぼ同様に扱えます．無限次元ベクトルは，**ヒルベルト空間**という無限次元空間を表すときに用いられ，物質の究極の姿を調べる量子力学という研究分野で活躍します．

　ベクトルは平行移動できるのが特性でしたが，「平面（あるいは空間，あるいは空間内の曲面）の各点に平行移動できないベクトルが固定されている」という状態を考える，**ベクトル場**というものがあります．電気の力や磁気の力，あるいは重力が空間に及ぼす影響を調べるときには，それぞれ電場，磁場，重力場と呼ばれるベクトル場を用います．これはとても重要な考え方で，ベクトルの計算を通じて，たとえば磁場内における粒子の運動を求めたり，といったことが可能になります．

　このようにベクトルは，様々な形で，自然科学の研究における重要な道具として活躍し続けているのです．

問の解答

問 1.1

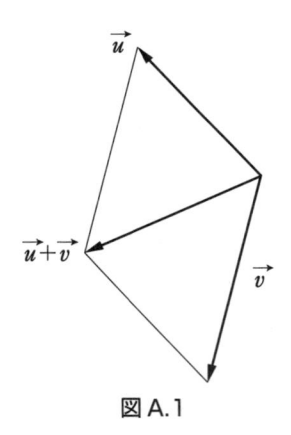

図 A.1

問 1.2

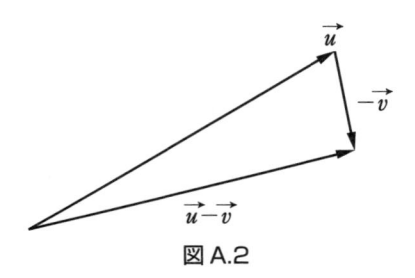

図 A.2

問の解答

問 2.1 $\vec{u}=(3,1)$, $\vec{v}=(6,4)$ なので,
$$5\vec{u}-4\vec{v}=5(3,1)-4(6,4)=(15-24,5-16)=(-9,-11)$$

問 2.2 $(3,a)=c(5,2)$ を成分ごとに書くと,
$$\begin{cases} 3=5c & \cdots \text{①} \\ a=2c & \cdots \text{②} \end{cases}$$
①より $c=\dfrac{3}{5}$, これを②に代入して,
$$a=2\cdot\dfrac{3}{5}=\dfrac{6}{5}$$

問 3.1 計算するだけなので省略.

問 4.1 (4.11) を使う.求めるベクトルは
$$(3\cos 30°-2\sin 30°, 3\sin 30°+2\cos 30°)$$
$$=\left(3\cdot\dfrac{\sqrt{3}}{2}-2\cdot\dfrac{1}{2}, 3\cdot\dfrac{1}{2}+2\cdot\dfrac{\sqrt{3}}{2}\right)$$
$$=\left(\dfrac{3\sqrt{3}-2}{2}, \dfrac{3+2\sqrt{3}}{2}\right)$$

問 5.1 P(1,2), Q(3,1), R(4,6) とおき,垂線の足を H とする.すると H が P, Q を通る直線上にあることから
$$\overrightarrow{\mathrm{OH}}=(1-t)(1,2)+t(3,1)=(1+2t,2-t)$$
また RH と通る直線 PQ が直交することから

147

$$0 = \overrightarrow{RH} \cdot \overrightarrow{PQ}$$
$$= (1+2t-4, 2-t-6) \cdot (3-1, 1-2)$$
$$= 2(-3+2t) - (-4-t)$$
$$= 5t-2$$

これより $t = \dfrac{2}{5}$ となるので,

$$\overrightarrow{OH} = \left(1 + 2 \cdot \dfrac{2}{5}, 2 - \dfrac{2}{5}\right) = \left(\dfrac{9}{5}, \dfrac{8}{5}\right)$$

となり, これが求める垂線の足の座標となる.

問 5.2 △ABC の外心を G とする. GA = GB = GC を示せばよい. 図 A.3 のとおり D, E, F を定める.

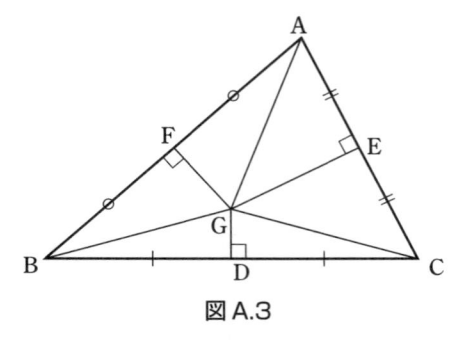

図 A.3

△GBD と △GCD において, GD が共通, BD = CD で ∠BDG = ∠CDG (= 90°) なので, △GBD ≡ △GCD がわかる. これより GB = GC が得られる. △GCE と △GAE に対して同様の考察を行うと, GC = GA が得られる. これより GA = GB = GC が成り立つことが示された.

問 5.3 問題に与えられた 3 点を頂点とする三角形の外心が，求める円の中心である．まず 2 点 $(3,-1)$, $(-1,-1)$ を結ぶ辺の垂直 2 等分線の上に外心があるので，外心の座標は $(1,y)$ となることがわかる．また $(-3,4)$, $(-1,-1)$ の中点は $\left(-2, \dfrac{3}{2}\right)$ となるので，この中点と外心とを結ぶ直線が $(-3,4)$, $(-1,-1)$ を結ぶ直線と直交することになる．その条件をベクトルの内積が 0 という形で表せば，

$$\begin{aligned}
0 &= \left(1-(-2), y-\frac{3}{2}\right) \cdot (-3-(-1), 4-(-1)) \\
&= \left(3, y-\frac{3}{2}\right) \cdot (-2, 5) \\
&= 5y - \frac{27}{2}
\end{aligned}$$

となる．これより $y = \dfrac{27}{10}$ を得るので，中心の座標は $\left(1, \dfrac{27}{10}\right)$ である．半径は中心と点 $(-1,-1)$ との距離として求められるので，

$$\sqrt{(1-(-1))^2 + \left(\frac{27}{10}-(-1)\right)^2} = \frac{\sqrt{1769}}{10}$$

である．

問 5.4 △ABC を考え，∠B の 2 等分線と ∠C の 2 等分線の交点を G とおく．G から辺 BC に下ろした垂線の足を D，G から辺 CA に下ろした垂線の足を E，G から辺 AB に下ろした垂線の足を F とおく．この作り方から，△BGF と △BGD は合同，また △CGD と △CGE も合同となる．これ

より GF = GD = GE が成り立つ．△AGF と △AGE を見ると，辺 AG は共通，またいま見たように GF = GE で，∠AFG = ∠AEG = 90° となっていることから，直角三角形の残りの辺同士も等しくなる．すなわち AF = AE が成り立つ．このことから △AGF と △AGE は合同となるので，∠GAF = ∠GAE となり，∠A の 2 等分線が G を通ることがわかった．

以上よりすでに GD = GE = GF が示されている．GD と BC，GE と CA，GF と AB が直交するので，G を中心として GD = GE = GF を半径とする円は，3 つの辺 BC，CA，AB に接することがわかる．したがってこの円は内接円となり，G は内接円の中心となる．

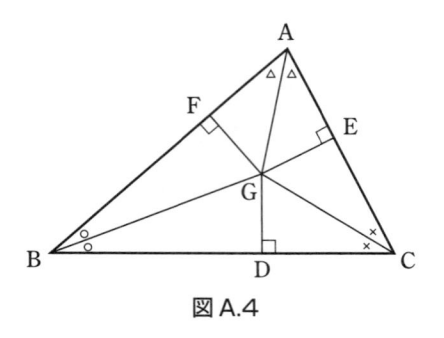

図 A.4

問の解答

問 6.1

$$(1,0) = -\frac{1}{3}\vec{u} + \frac{1}{3}\vec{v}$$
$$(0,2) = \frac{4}{3}\vec{u} + \frac{2}{3}\vec{v}$$
$$(3,5) = \frac{7}{3}\vec{u} + \frac{8}{3}\vec{v}$$
$$(1,-1) = -\vec{u}$$
$$(6,-1) = -\frac{8}{3}\vec{u} + \frac{5}{3}\vec{v}$$

問 7.1 図のように，まず z 軸を回転軸とする $-90°$ 回転を行い，続けて y 軸を回転軸とする $90°$ 回転を行い，最後にまた z 軸を回転軸とする $90°$ 回転を行うとよい．

図 A.5

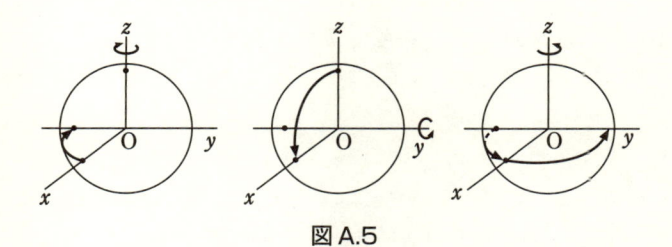

これが求める回転になっていることは，次のようにしてわかる．いま球の半径を 1 として説明すると，球と x 軸との交点 $(1,0,0)$ は第 1 の回転で $(0,-1,0)$ へ移り，第 2 の回転では動かず，第 3 の回転で $(1,0,0)$ に戻る．点 $(0,0,1)$ は第 1 の回転では動かず，第 2 の回転で $(1,0,0)$ へ移り，第 3 の回転で $(0,1,0)$ へ移る．つまり 3 つの回転の結果，

$$(1,0,0) \to (1,0,0), \qquad (0,0,1) \to (0,1,0)$$

となった. $(1, 0, 0)$ が動かないということは, この回転は x 軸を回転軸としているということを意味し, 点 $(0, 0, 1)$ が点 $(0, 1, 0)$ に移ったということは, 回転の角度が $-90°$ であることを意味する. したがって求める回転になっている.

問 7.2
$$\vec{p} = \frac{11}{8}\vec{u} - \frac{3}{8}\vec{v} - \frac{1}{4}\vec{w}$$

問 8.1 (8.1) を用いると, ℓ_1 の媒介変数表示として
$$\begin{cases} x = (1-t) + 2t = 1 + t \\ y = (1-t) - t = 1 - 2t \\ z = 2(1-t) + 3t = 2 + t \end{cases}$$
が得られる. 同じく ℓ_2 の媒介変数表示としては,
$$\begin{cases} x = 3(1-s) - s = 3 - 4s \\ y = s \\ z = (1-s) - s = 1 - 2s \end{cases}$$
が得られる. ℓ_1 と ℓ_2 が交わるとしたら, 交点はある媒介変数の値 t, s により上の 2 通りに表示される. したがってこのとき,
$$\begin{cases} 1 + t = 3 - 4s \\ 1 - 2t = s \\ 2 + t = 1 - 2s \end{cases}$$
が成り立つような (t, s) が存在しなくてはならない. はじめの 2 式より $(t, s) = \left(\dfrac{2}{7}, \dfrac{3}{7}\right)$ となるが, これは第 3 式を満

たさない．したがって交点は存在しないことが示された．

問 8.2 求める平面上の点を $X(x, y, z)$ とすると，媒介変数 t_1, t_2, t_3 により
$$\begin{cases} x = t_1 - 2t_2 \\ y = 2t_1 + 5t_2 - t_3 \qquad (t_1 + t_2 + t_3 = 1) \\ z = 3t_1 + 4t_2 - 3t_3 \end{cases}$$
となる．$t_3 = 1 - t_1 - t_2$ を代入して，
$$\begin{cases} x = t_1 - 2t_2 & \cdots ① \\ y = -1 + 3t_1 + 6t_2 & \cdots ② \\ z = -3 + 6t_1 + 7t_2 & \cdots ③ \end{cases}$$
を得る．これから t_1, t_2 を消去する．② − ① × 3 より
$$t_2 = \frac{1 - 3x + y}{12}$$
これを①に代入して
$$t_1 = \frac{1 + 3x + y}{6}$$
これらを③に代入して
$$z = \frac{-17 + 15x + 19y}{12}$$
を得る．よって求める平面の方程式は，
$$15x + 19y - 12z = 17$$
となる．

問 8.3 (8.3) を用いる．

$$\begin{cases} x = 1 - 7t \\ y = 2 + 19t \\ z = 3 + 8t \end{cases}$$

問 8.4 公式 (8.4) より，求める平面の方程式は

$$-5(x-1) + 8(y-2) + 7(z-3) = 0$$

である．これを書き換えて，

$$-5x + 8y + 7z = 32$$

としてもよい．

問 9.1 左辺の係数の作るベクトルは $\begin{pmatrix} 1 \\ 2 \end{pmatrix}$, $\begin{pmatrix} 3 \\ 6 \end{pmatrix}$ で，これらは線形従属なので，方程式に解が存在するためには右辺がこれらのスカラー倍になっていなくてはならない．

$$\begin{pmatrix} 5 \\ a \end{pmatrix} = c \begin{pmatrix} 1 \\ 2 \end{pmatrix}$$

より，$a = 10$ でなくてはならない．

問 9.2 左辺の係数の作るベクトル $\begin{pmatrix} 2 \\ a \end{pmatrix}$, $\begin{pmatrix} -3 \\ -4 \end{pmatrix}$ が線形独立なら，方程式には必ず解が存在するので，解が存在しないためにはこれらが線形従属になる必要がある．よって (6.3) により，求める条件は

$$0 = 2(-4) - a(-3) = -8 + 3a$$

したがって，求める a の値は $a = \dfrac{8}{3}$ となる．

公式・記号

ベクトルの和とスカラー倍

(i) 絵で和を求める

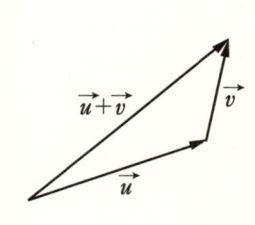

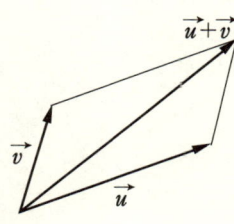

図 公式.1

(ii) 平面ベクトルの和とスカラー倍
$$(a_1, a_2) + (b_1, b_2) = (a_1 + b_1, a_2 + b_2)$$
$$c(a_1, a_2) = (ca_1, ca_2)$$

(iii) 空間ベクトルの和とスカラー倍
$$(a_1, a_2, a_3) + (b_1, b_2, b_3) = (a_1 + b_1, a_2 + b_2, a_3 + b_3)$$
$$c(a_1, a_2, a_3) = (ca_1, ca_2, ca_3)$$

位置ベクトル 原点 O を始点,P を終点とするベクトル $\overrightarrow{OP}$ を P の位置ベクトルという.
$$\overrightarrow{PQ} = \overrightarrow{OQ} - \overrightarrow{OP}$$

ベクトルの長さ　ベクトル $\vec{u}$ の長さを $|\vec{u}|$ で表す.

(i)　平面ベクトル $\vec{u}=(a_1, a_2)$ の長さは
$$|\vec{u}| = \sqrt{a_1{}^2 + a_2{}^2}$$

(ii)　空間ベクトル $\vec{u}=(a_1, a_2, a_3)$ の長さは
$$|\vec{u}| = \sqrt{a_1{}^2 + a_2{}^2 + a_3{}^2}$$

内積

(i)　平面ベクトル $\vec{u}=(a_1, a_2)$, $\vec{v}=(b_1, b_2)$ の内積は,
$$\vec{u} \cdot \vec{v} = a_1 b_1 + a_2 b_2$$

(ii)　空間ベクトル $\vec{u}=(a_1, a_2, a_3)$, $\vec{v}=(b_1, b_2, b_3)$ の内積は,
$$\vec{u} \cdot \vec{v} = a_1 b_1 + a_2 b_2 + a_3 b_3$$

(iii)　平面ベクトルにおいても空間ベクトルにおいても,

$\vec{u} \cdot \vec{v} = |\vec{u}||\vec{v}|\cos\theta$

$\cos\theta = \dfrac{\vec{u}\cdot\vec{v}}{|\vec{u}||\vec{v}|}$　　　($\vec{u} \neq \vec{0}$, $\vec{v} \neq \vec{0}$ のとき)

$\vec{u}$ と $\vec{v}$ が直交している $\implies \vec{u}\cdot\vec{v} = 0$

ただし θ は $\vec{u}$ と $\vec{v}$ のなす角.

さくいん

【数字・アルファベット】

1次結合	95, 124
1次従属	90, 120
1次独立	90, 120
2元連立1次方程式	133
x成分	31, 40
y成分	31, 40

【あ行】

位置ベクトル	32, 45, 108, 128
移動	38
運動	38
同じ（ベクトル）	13

【か行】

外接円	83
回転	66, 69, 71
回転軸	110
回転不変性	72, 111, 119
行列式	144
距離	65, 109
空間ベクトル	106
原点	30

【さ行】

差（ベクトルの）	19, 26
座標	30
次元定理	144
実数	20
始点	14, 30, 36
磁場	145
射影	76
重心	57
重力場	145
終点	14, 36
自由度	110, 142
助変数	46
助変数表示	46
垂心	80
数ベクトル	31, 107
スカラー	20, 27
スカラー倍	21, 63
赤道	110
赤道面	110
ゼロベクトル	25, 32
線形結合	95, 124
線形従属	89, 120, 141
線形代数	144
線形独立	120, 134, 138, 142

【た行】

第1成分	31
第2成分	31
足し算(ベクトルの)	16
違う(ベクトル)	13
中点	47, 56
直交	77
電場	145
等時性	99

【な行】

内積	27, 62, 70, 71, 109
内接円	86
内分点	49
長さ	10
ねじれの位置	126

【は行】

媒介変数	46
媒介変数表示	46, 128
パラメーター	46
パラメーター表示	46
引き算(ベクトルの)	19
ヒルベルト空間	145
不変量	66
振り子	99
分解	67, 95, 124
平行移動	13, 34
平面Lの方程式	132
平面ベクトル	106
ベクトル	11
ベクトル場	145
法線ベクトル	131
法ベクトル	131

【ま行】

回す角度	110
向き	10
無限次元ベクトル	145

【わ行】

和(ベクトルの)	16, 18, 63

N.D.C.414.7　158p　18cm

ブルーバックス　B-1598

なるほど高校数学　ベクトルの物語
なっとくして、ほんとうに理解できる

2008年5月20日　第1刷発行
2023年1月20日　第6刷発行

著者	原岡喜重 (はらおかよししげ)	
発行者	鈴木章一	
発行所	株式会社講談社	
	〒112-8001 東京都文京区音羽2-12-21	
電話	出版	03-5395-3524
	販売	03-5395-4415
	業務	03-5395-3615
印刷所	(本文印刷) 株式会社KPSプロダクツ	
	(カバー表紙印刷) 信毎書籍印刷株式会社	
製本所	株式会社国宝社	

定価はカバーに表示してあります。
©原岡喜重　2008, Printed in Japan
落丁本・乱丁本は購入書店名を明記のうえ、小社業務宛にお送りください。
送料小社負担にてお取替えします。なお、この本についてのお問い合わせは、ブルーバックス宛にお願いいたします。
本書のコピー、スキャン、デジタル化等の無断複製は著作権法上での例外を除き禁じられています。本書を代行業者等の第三者に依頼してスキャンやデジタル化することはたとえ個人や家庭内の利用でも著作権法違反です。
Ⓡ〈日本複製権センター委託出版物〉複写を希望される場合は、日本複製権センター（電話03-6809-1281）にご連絡ください。

ISBN978-4-06-257598-0

発刊のことば

科学をあなたのポケットに

　二十世紀最大の特色は、それが科学時代であるということです。科学は日に日に進歩を続け、止まるところを知りません。ひと昔前の夢物語もどんどん現実化しており、今やわれわれの生活のすべてが、科学によってゆり動かされているといっても過言ではないでしょう。
　そのような背景を考えれば、学者や学生はもちろん、産業人も、セールスマンも、ジャーナリストも、家庭の主婦も、みんなが科学を知らなければ、時代の流れに逆らうことになるでしょう。
　ブルーバックス発刊の意義と必然性はそこにあります。このシリーズは、読む人に科学的に物を考える習慣と、科学的に物を見る目を養っていただくことを最大の目標にしています。そのためには、単に原理や法則の解説に終始するのではなくて、政治や経済など、社会科学や人文科学にも関連させて、広い視野から問題を追究していきます。科学はむずかしいという先入観を改める表現と構成、それも類書にないブルーバックスの特色であると信じます。

一九六三年九月

野間省一